■ ゼロからはじめる

Gala_____21

ギャラクシー　エートゥエンティワン

ドコモ Galaxy A21 SC-42A

◎ スマートガイド

docomo

技術評論社

N CONTENTS

Chapter 1

Galaxy A21 のキホン

Chapter 2

電話機能を使う

Chapter 3
メールやインターネットを利用する

Chapter 4
Google のサービスを使いこなす

CONTENTS

Chapter 7
独自機能を使いこなす

Chapter 8
Galaxy A21 を使いこなす

Galaxy A21の
キホン

OS・Hardware

Galaxy A21とは

Galaxy A21（以降A21）は、サムスン電子製のスマートフォンです。小型軽量ながら防水防塵で、3,600mAhのバッテリー容量を備えています。おサイフケータイ、Galaxyの独自機能、Googleサービスもバッチリ使える、日常使いに最適な入門機です。

各部名称を覚える

①	受話口	⑤	音量キー	⑩	スピーカー
②	ディスプレイ（タッチスクリーン）	⑥	電源／画面ロックキー	⑪	ドコモnanoUIMカード／microSDメモリカードトレイ
		⑦	ヘッドホン接続端子		
③	フロントカメラ	⑧	USB Type-C接続端子	⑫	フラッシュ／ライト
④	近接センサー	⑨	送話口／マイク	⑬	リアカメラ

◤◣ A21の特徴

●多機能カメラ（Sec.43 ～ 44参照）

リアカメラに広角と超広角の2つのレンズを備え、8倍のデジタルズームが可能です。ライブフォーカスや被写体に最適化された効果を、リアルタイムでファインダー（画面）で確認して撮影することができます。

●エッジパネル（Sec.49参照）

画面の右端をスワイプすると表示されるGalaxyオリジナルのランチャーです。アプリ、連絡先、ブックマークのなどパネルが用意されているほか、ウィジェットのように使えるパネルもあります。

●セキュリティフォルダ（Sec.52参照）

ロックをかけて、プライベートなファイルや、ほかの人に使われたくないアプリを保存できるフォルダです。保存したファイルやアプリは独立動作するので、スマホ内のもう1台のスマホのように使うこともできます。

電源のオン／オフと
ロックの解除

OS・Hardware

電源の状態にはオン、オフ、スリープモードの3種類があります。3つのモードはすべて電源キーで切り替えが可能です。一定時間操作しないと、自動でスリープモードに移行します。

ロックを解除する

① スリープモード時に電源キーを押します。

押す

② ロック画面が表示されるので、PIN（Sec.50参照）などを設定していない場合は、画面をスワイプします。

スワイプする

ロックを解除するにはスワイプしてください

③ ロックが解除され、ホーム画面が表示されます。再度電源キーを押すとスリープモードになります。

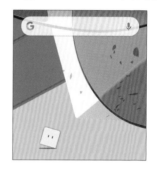

MEMO スリープモードとは

スリープモードは画面の表示が消えている状態です。バッテリーの消費をある程度抑えることはできますが、通信などは行っており、スリープモードを解除すると、すぐに操作を再開することができます。また、操作をしないと一定時間後に自動的にスリープモードに移行します。

◣ 電源を切る

(1) 画面が表示されている状態で、電源キーを長押しします。

長押しする

(2) メニューが表示されるので、<電源OFF>をタップします。

タップする
電源OFF

(3) 次の画面で<電源OFF>をタップすると、電源がオフになります。電源をオンにするには、電源キーを一定時間長押しします。

タップする

電源OFF
端末の電源をOFFにするには、再度タップしてください

MEMO ロック画面からのアプリの起動

ロック画面に表示されているボタンを画面中央にドラッグすることで、ロックを解除することなく、カメラや電話を起動することができます。

ドラッグする

ロックを解除するにはスワイプしてください

OS・Hardware

基本操作を覚える

A21の操作は、タッチスクリーンと本体下部のボタンを、指でタッチやスワイプ、またはタップすることで行います。ここでは、ボタンの役割、ホーム画面の操作を紹介します。

1 ボタンの操作

履歴ボタン

ホームボタン

戻るボタン

MEMO ナビゲーションバーをカスタマイズする

ナビゲーションバーは、履歴ボタンと戻るボタンの位置を逆にしたり、ボタンを非表示にして画面を広く使えるようにすることもできます（Sec.57参照）。ボタンを非表示にした場合は、画面の最下部に表示されたバーを上にスワイプして操作します。

履歴ボタン	最近操作したアプリが表示されます（P.17参照）。
ホームボタン	ホーム画面が表示されます。一番左のホーム画面以外を表示している場合は、一番左の画面に戻ります。ロングタッチでGoogleアシスタント（Sec.33参照）が起動します。
戻るボタン	1つ前の画面に戻ります。

ホーム画面の見かた

ウィジェット
アプリが取得した情報の表示や、設定の切り替えができます。タップするとアプリが起動します（Sec.54参照）。

ステータスバー
状態を表示するステータスアイコンや、通知アイコンが表示されます（P.14参照）。

クイック検索ボックス
タップすると、検索画面やトピックが表示されます。

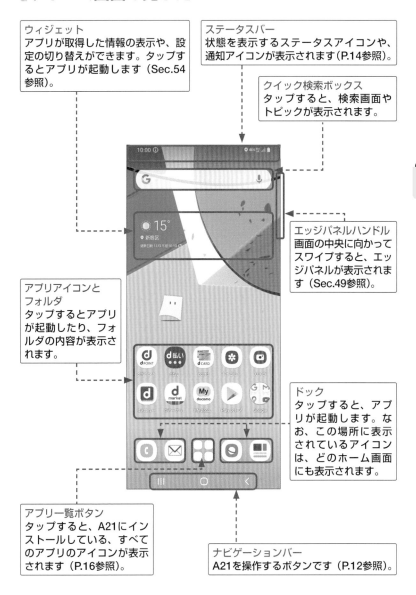

エッジパネルハンドル
画面の中央に向かってスワイプすると、エッジパネルが表示されます（Sec.49参照）。

アプリアイコンとフォルダ
タップするとアプリが起動したり、フォルダの内容が表示されます。

ドック
タップすると、アプリが起動します。なお、この場所に表示されているアイコンは、どのホーム画面にも表示されます。

アプリ一覧ボタン
タップすると、A21にインストールしている、すべてのアプリのアイコンが表示されます（P.16参照）。

ナビゲーションバー
A21を操作するボタンです（P.12参照）。

13

Application

情報を確認する

画面上部に表示されるステータスバーには、さまざまな情報がアイコンとして表示されます。ここでは、表示されるアイコンや通知の確認方法、通知の削除方法を紹介します。

1 ステータスバーの見かた

`8:11` （通知アイコン） （ステータスアイコン）

通知アイコン

不在着信や新着メール、実行中の作業などを通知するアイコンです。

ステータスアイコン

電波状況やバッテリー残量、現在の時刻など、主にA21の状態を表すアイコンです。

通知アイコン	
🗨	新着+メッセージ／新着SMSあり
☎	不在着信あり
🖼	スクリーンショット完了
⬇	データダウンロード中
✅	アプリケーションのインストール完了
⏰	アラーム通知あり
Ⓜ	新着Gmailあり

ステータスアイコン	
🔕	マナーモード（バイブ）設定中
🔇	マナーモード（サイレント）設定中
📶	無線LAN（Wi-Fi）使用可能
4G	4G（LTE）データ使用可能
⚡	充電中
✈	機内モード設定中
✳	Bluetooth機器と接続中

📖 通知パネルを利用する

(1) 通知を確認したいときは、ステータスバーを下方向にスライドします。

スライドする

(2) 通知パネルに通知が表示されます。なお、通知はロック画面からも確認できます。通知をタップすると、対応アプリが起動します。通知パネルを閉じるときは、くをタップします。

タップする

📖 通知パネルの見かた

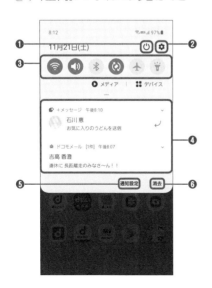

❶	電源メニューの画面が表示されます。
❷	タップすると、設定一覧画面が表示されます。
❸	クイック設定ボタン。タップして各機能のオン/オフを切り替えます。下にスライドすると、すべてのクイック設定が表示されます（Sec.56参照）。
❹	通知や本体の状態が表示されます。左右にスワイプすると、通知を消去できます。
❺	タップすると、通知をブロックするアプリを選択することができます。
❻	通知を消去します。通知の種類によっては消去できないものがあります。

Application

アプリを利用する

アプリを起動するには、ホーム画面やアプリフォルダ内のアイコンをタップします。ここでは、アプリの終了方法や切り替えかたもあわせて覚えましょう。

アプリを起動する

① ホーム画面の田をタップします。

タップする

② アプリ一覧画面が開いたら、画面を左右にフリックし、任意のアプリを探してタップします。ここでは、＜設定＞をタップします。

Q アプリを検索

タップする

すべてのアプリ　　　　アプリ名順 ▼

③ 設定一覧画面が起動します。アプリの起動中に〈をタップすると、1つ前の画面（ここではアプリ一覧画面）に戻ります。

通知
アプリの通知、ステータスバー、通知をミュート

ディスプレイ
明るさ、ブルーライトフィルター

壁紙
ホーム画面の壁紙、ロック画面の壁紙

テーマ
ダウンロード可能なテーマ、壁紙、アイコン

ロック画面
画面ロックの種類、時計

タップする

生体認証とセキュリティ
顔認証、端末リモート追跡、セキュリティ

MEMO アプリの起動方法

A21にインストールされているアプリは、アプリ一覧画面に表示されます。アプリ一覧画面のアイコンをタップして、アプリを起動することもできます。

■ アプリを終了する

(1) アプリの起動中やホーム画面で ||| をタップします。

タップする

(2) 最近使用したアプリ（履歴）が 一覧表示されるので、終了したい アプリを、左右にフリックして表示 し、上方向にフリックします。

フリックする

全て閉じる

(3) フリックしたアプリが終了します。 なお、すべてのアプリを終了した い場合は、＜全て閉じる＞をタッ プします。

タップする

全て閉じる

MEMO アプリの切り替え

アプリを切り替えたい場合は、 手順②の画面で、切り替えたい アプリをタップします。

タップする

文字を入力する

A21では、ソフトウェアキーボードで文字を入力します。「テンキー」
（一般的な携帯電話の入力方法）と「QWERTYキーボード」を
切り替えて使用できます。

Application

文字の入力方法

テンキー

かな入力

QWERTYキーボード

ローマ字入力

MEMO 2種類のキーボード

A21のソフトウェアキーボードは、標準の「テンキー」とローマ字入力の
「QWERTYキーボード」から選択することができます。なお「テンキー」は、
初期状態のトグル入力ができる「テンキーフリックなしキーボード」、トグル入力
に加えてフリック入力ができる「テンキーフリックキーボード」、フリック入力の
候補表示が上下左右に加えて斜めも表示される「テンキー8フリックキーボード」
から選択することができます。

▲▼ キーボードの種類を切り替える

① 文字入力が可能な場面になると、キーボード（画面は「テンキーフリックなしキーボード」）が表示されます。⚙をタップします。

② ［Galaxyキーボード］画面が表示されるので、＜言語とタイプ＞をタップします。

③ ［言語とタイプ］画面が表示されます。ここでは、日本語入力時のキーボードを選択します。＜日本語＞をタップします。

④ 利用できるキーボードが表示されます。ここでは＜QWERTYキーボード＞をタップします。

⑤ ［言語とタイプ］画面の［日本語］欄が［QWERTYキーボード］に変わりました。＜を2回タップします。

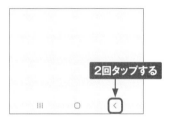

⑥ 入力欄をタップすると、QWERTYキーボードが表示されます。なお、∨タップすると、キーボードが消えます。

1

文字種を切り替える

① 現在はテンキーの日本語入力になっています。文字種を切り替えるときは、⊕をタップします。

③ 小文字を入力できるようになります。A/aをタップすると、大文字に戻ります。

② 半角英数字の英語入力になります。キーボードは、P.19で設定したキーボードが表示されます（標準では「テンキーフリックキーボード」）。A/aをタップします。

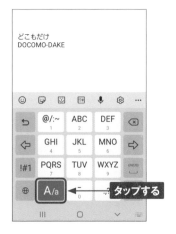

④ 手順①または手順②の画面で、!#1をタップすると、画面のような数字入力になります。文字入力に戻す場合は、ABCまたはあいうをタップします。

片手入力しやすいように設定する

① キーボード上部にアイコンが表示された状態で、… をタップします。

② <モード>をタップします。

③ <片手キーボード>をタップします。

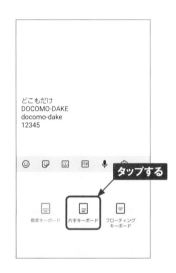

④ キーボードが右寄りになりました。▷をタップすると、左寄りになります。元に戻す場合は、▣をタップします。

Section **07**

テキストを
コピー&ペーストする

A21は、パソコンと同じように自由にテキストをコピー&ペーストできます。コピーしたテキストは、別のアプリにペースト(貼り付け)して利用することもできます。

Application

テキストをコピーする

① コピーしたいテキストの辺りをダブルタップします。

② テキストが選択されます。●と●を左右にドラッグして、コピーする範囲を調整します。

③ <コピー>をタップします。

④ テキストがクリップボードにコピーされます。

22

◤ コピーしたテキストをペーストする

(1) テキストをペースト（貼り付け）したい位置をタップします。

(2) ●をタップして、＜貼り付け＞をタップします。

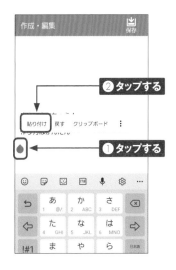

(3) コピーしたテキストがペーストされます。

✎ MEMO クリップボードから コピーする

コピーしたテキストや、画面キャプチャはクリップボードに保存されます。手順②の画面で＜クリップボード＞をタップすると、クリップボードから以前にコピーしたテキストなどを呼び出してペースト（貼り付け）することができます。

Googleアカウントを設定する

Googleアカウントを登録すると、Googleが提供するサービスが利用できます。なお、初期設定で登録済みの場合は、必要ありません。取得済みのGoogleアカウントを利用することもできます。

Application

Googleアカウントを設定する

① 通知パネルを表示して（P.15参照）、⚙をタップします。

11月5日(木)
タップする

② 設定一覧画面が表示されるので、<アカウントとバックアップ>をタップします。

タップする
位置情報
位置情報設定、位置情報要求
アカウントとバックアップ
Galaxyクラウド、Smart Switch
ドコモのサービス/クラウド
dアカウント設定、ドコモクラウド

③ <アカウント>をタップします。

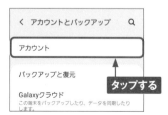
< アカウントとバックアップ　　Q
アカウント
バックアップと復元
タップする
Galaxyクラウド
この端末をバックアップしたり、データを同期したりします。

④ <アカウント追加>をタップします。ここに「Google」が表示されていれば、既にGoogleアカウントを設定済みです（P.25手順⑦参照）。

< アカウント
タップする
d docomo
docomo
＋ アカウント追加
データを自動同期

MEMO Googleアカウントとは

Googleアカウントを取得すると、PlayストアからのアプリのインストールやGoogleが提供する各種サービスを利用することができます。アカウントは、メールアドレスとパスワードを登録するだけで作成できます。A21にGoogleアカウントを設定すると、Gmailなどのサービスが利用できます。

(5) <Google>をタップします。

(6) 新規にアカウントを取得する場合
は、<アカウントを作成>→<自
分用>をタップして、画面の指示
に従って進めます。

(7) アカウントの登録が終了すると、
P.24手順④の画面に戻ります。
追加された<Google>をタップ
し、次の画面で<アカウントを同
期>をタップします。

(8) 同期するサービス一覧が表示され
ます。タップすると、同期のオン
／オフを切り替えることができま
す。

MEMO 既存のアカウントを利用する

取得済みのGoogleアカウントが
ある場合は、手順⑥の画面で
メールアドレスを入力して、<次
へ>をタップします。次の画面で
パスワードを入力して操作を進
めると、手順⑦の画面が表示さ
れます。

1

25

ドコモのIDとパスワードを設定する

Application

A21にdアカウントを設定すると、NTTドコモが提供するさまざまなサービスを利用できるようになります。また、あわせてspモードパスワードの変更も済ませておきましょう。

dアカウントとは

「dアカウント」とは、NTTドコモが提供しているさまざまなサービスを利用するためのIDです。dアカウントを発行して、A21に設定することで、Wi-Fi経由で「dマーケット」などのドコモの各種サービスを利用できるようになります。

また、ドコモのサービスを利用しようとすると、いくつかのパスワードを求められる場合があります。このうちspモードパスワードは「My docomo（お客様サポート）」で確認・再発行できますが、「ネットワーク暗証番号」はインターネット上で確認・再発行できません。契約書類を紛失しないように気をつけましょう。さらに、spモードパスワードを初期値（0000）のまま使っていると、変更を促す画面が表示されることがあります。その場合は、画面の指示に従ってパスワードを変更しましょう。

ドコモのサービスで利用するID／パスワード

ネットワーク暗証番号	My docomo（Sec.35参照）や、各種電話サービスを利用する際に必要。
dアカウント／パスワード	ドコモのサービスを利用する際に必要。
spモードパスワード	ドコモメールの設定、spモードサイトの登録／解除の際に必要。初期値は「0000」だが、変更が必要（P.31参照）。

MEMO dアカウントの発行手順

dアカウントの発行手順は、FOMA／LTE接続時とWi-Fi接続時で少し異なります。Wi-Fi接続時は、dアカウントの発行画面で電話番号とネットワーク暗証番号を入力して、届いたSMSに記載されているワンタイムパスワードを入力してdアカウントを登録します。本書では、FOMA／LTE接続時の発行方法を説明しています。

▌ dアカウントを設定する

① 設定一覧画面を開いて、<ドコモのサービス／クラウド>をタップします。

② <dアカウント設定>をタップします。

③ [ご利用にあたって] 画面が表示されたら、内容を確認して、<同意する>をタップします。

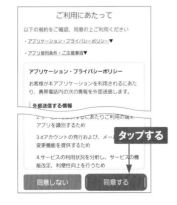

④ [dアカウント設定] 画面が表示されるので、<次>をタップして進みます。<ご利用中のdアカウントを設定>をタップします。

⑤ [spモード接続で通信を行いますか] 画面で<はい>をタップします。

(6) 電話番号に登録されているdアカウントのIDが表示されます。ネットワーク暗証番号（P.26参照）を入力して、＜設定する＞をタップします。

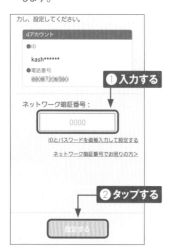

力し、設定してください。

dアカウント
● ID
kash******
● 電話番号
080****7**c***

①入力する

ネットワーク暗証番号：

0000

IDとパスワードを直接入力して設定する

ネットワーク暗証番号でお困りの方＞

②タップする

設定する

(7) dアカウントの設定が完了するので＜OK＞をタップします。

dアカウント設定完了

✓

以下のdアカウントの設定が完了しました

dアカウントのID

kashimr21a

タップする

OK

(8) ［アプリ一括インストール］画面が表示されたら、＜今すぐ実行＞をタップして、＜進む＞をタップします。

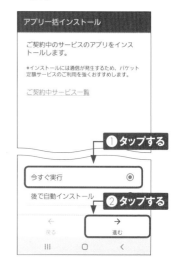

アプリ一括インストール

ご契約中のサービスのアプリをインストールします。

＊インストールには通信が発生するため、パケット定額サービスのご利用を強くおすすめします。

ご契約中サービス一覧

①タップする

今すぐ実行　　　　　　　⦿

後で自動インストール　　②タップする

←　　　　　　→
戻る　　　　　　進む

III　　　○　　　＜

(9) dアカウントの設定状態が表示されます。

dアカウント　　　　　　≡

ID
kashimr21a

設定電話番号：080****724***

🔐 2段階認証
器：セキュリティコード

🔒 パスワード
パスワード無効化設定：未設定

✉ 連絡先メールアドレス
ケータイメール：ka******@docomo.ne.jp
ウェブメール：未設定

⊙ 会員情報
本人確認状態：未実施

ID ID操作

⚙ その他の機能

28

dアカウントのIDを変更する

(1) P.27手順①〜②の操作を行って、[dアカウント]画面を表示します。<ID操作>をタップします。

(2) <IDの変更>をタップします。

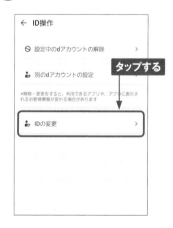

(3) 新しいdアカウントのIDを入力するか、<以下のメールアドレスをIDにする>を選択して、<設定する>をタップします。

(4) dアカウントのパスワードを入力して<OK>をタップします。

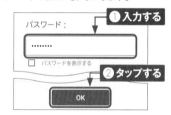

(5) dアカウントのIDの変更が完了します。<OK>をタップすると、手順①の画面に戻ります。

❚❚ dアカウントのパスワードを変更する

① P.27手順①〜②の操作を行って、[dアカウント] 画面を表示します。<パスワード>をタップします。

② <パスワードの変更>をタップします。

③ 現在のパスワードと新しいパスワードを入力して、<設定する>をタップします。

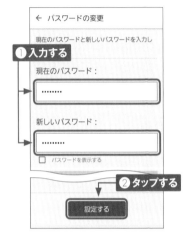

④ dアカウントのパスワードの変更が完了します。<OK>をタップすると、手順①の画面に戻ります。

▎ spモードパスワードを変更する

① ホーム画面で、<dメニュー>を
タップします。

タップする

② dメニューの画面で<My docomo>
をタップします。

タップする

③ <設定（メール等）>をタップしま
す。

タップする

④ <spモードパスワード>をタップし
ます。

タップする

⑤ <変更する>をタップします。

⑥ dアカウントのログイン画面が表示されたら、dアカウントのIDとパスワードを入力してログインします。

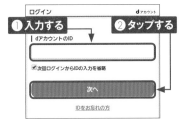

⑦ ネットワーク暗証番号を入力し、<認証する>をタップします。

⑧ 現在のspモードパスワード（初期値は「0000」）と新しいパスワード（不規則な数字4文字）を入力し、<設定を確認する>をタップします。

⑨ SPモードパスワードの変更が完了します。

MEMO spモードパスワードをリセットする

spモードパスワードがわからなくなったときは、手順⑤の画面で<リセットする>をタップし、画面に従って暗証番号などを入力して手続きを行うと、初期値の「0000」にリセットできます。

電話機能を使う

電話をかける／受ける

Application

電話操作は発信も着信も非常にシンプルです。発信時はホーム画面のアイコンから簡単に電話を発信でき、着信時はドラッグ操作で通話を開始できます。

電話をかける

1 ホーム画面で●をタップします。

タップする

2 ［キーパッド］画面が表示されていないときは、<キーパッド>をタップします。

タップする

3 キーをタップして宛先の電話番号を入力し、●をタップすると電話が発信されます。

① タップする　② タップする

4 相手が応答すると通話開始です。●をタップすると、通話が終了します。

080-9999-9999
日本
タップする

⚑ 電話を受ける

●スリープ中に電話を受ける

① スリープ中に電話の着信があると、着信画面が表示されます。📞をサークルの外までドラッグします。

② 相手との通話が開始されます。📞をタップすると、通話が終了します。

●アプリ利用中に電話を受ける

① アプリ利用中に電話の着信があると、画面上部に着信画面が表示されます。＜応答＞をタップします。

② 相手との通話が開始されます。📞をタップすると、通話が終了します。

2

MEMO 着信音を止める

電話の着信中に、A21の画面を下向きに伏せたり2回振ることで、消音したり着信を拒否したりできます。P.38手順①の画面で、＜スグ電設定＞→＜消音・拒否＞の順にタップして設定します。

通話履歴を確認する

電話をかけ直すときは、履歴画面から操作すると手間をかけずに通話できます。また、通話履歴の件数が多くなりすぎた場合、履歴を消去することも可能です。

履歴を確認する

1 ホーム画面で ● をタップします。

タップする

2 ［電話］画面で＜履歴＞をタップします。

タップする

3 通話履歴が一覧表示されます。

○ アイテムを選択	Q
今日	
03-0000-6666 未登録	午前8:21
2020年11月12日	
非通知設定	午前2:45

MEMO 履歴を削除する

手順③の画面で番号をロングタッチし、＜削除＞をタップすると、履歴を削除できます。

タップする

🗑
削除

36

✔ 履歴から電話をかける

1 ホーム画面で◯をタップし、＜履歴＞をタップします。

タップする

キーボート゛　履歴　連絡先　スポット

2 発信したい名前や番号を右にスライドします。

スライドする

ダイヤル

今日

発信　03-0000-6666
　　　　　未登録

2020年11月12日

非通知設定　　　午前2:45

3 相手へ発信されます。

03-0000-6666
東京

録音　ビデオコール　Bluetooth

スピーカー　消音　キーパッド

MEMO 履歴から操作する

手順②の画面で番号や名前をタップするとメニューが表示されます。ドコモ連絡帳に登録したり（P.42参照）、SMSメッセージを送信したりすることができます。

ダイヤル

今日

03-0000-6666　　午前8:21
未登録

＋ 連絡先に追加

2020年11月12日

着信を拒否したり
通話を自動録音する

Application

A21本体には着信拒否機能が搭載されています。また、通話を自
動録音することもできます。迷惑電話やいたずら電話対策にこれら
の機能を活用しましょう。

着信拒否を設定する

1 ホーム画面で C をタップし、右上
の : をタップします。＜設定＞→
＜番号指定拒否＞の順にタップ
します。

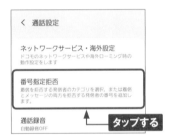

2 電話番号を手動で入力することも
できますが、ここでは履歴から着
信拒否を設定します。＜履歴＞を
タップします。

3 着信拒否に設定したい履歴をタッ
プします。＜完了＞をタップしま
す。

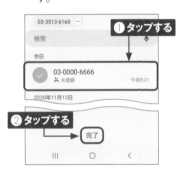

4 これで設定完了です。登録した
相手が電話をかけると、電話に出
られないとアナウンスが流れます。
着信拒否を解除する場合は、－
をタップします。

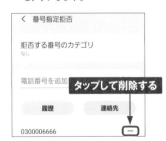

38

通話を自動録音する

1 P.38手順①の画面で<通話録音>をタップします。

2 <自動録音>をタップします。

3 <OFF>→<OK>をタップします。

4 自動録音する番号を選択してタップすると、設定完了です。

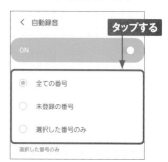

5 通話後、通知パネルに表示される<通話の録音完了>をタップします。

6 再生したい通話をタップすると再生されます。なお、録音ファイルは、[マイファイル] アプリなどで「Call」フォルダを開くことで、いつでも再生できます。

ドコモ電話帳を利用する

Application

電話番号やメールアドレスなどの連絡先は、[ドコモ電話帳]で管理することができます。クラウド機能を有効にすることで、電話帳データが専用のサーバーに自動で保存されるようになります。

◣ クラウド機能を有効にする

1 ホーム画面で⊞をタップします。

タップする

2 アプリ一覧画面で、<ドコモ電話帳>をタップします。

すべてのアプリ　　アプリ名順 ▼

タップする

3 初回起動時は[クラウド機能の利用について]画面が表示されます。

← クラウド機能の利用について

使っててよかった。

大切な電話帳データをドコモのクラウドでお預かりします。

ご利用の端末で連絡先の追加・編集・削除を行うと、クラウドとすぐに同期を行います。

4 <注意事項>をタップして内容を確認し、<をタップして戻ります。

☆　🔒 service.smt.docomo.ne.jp　↻

ご注意事項

ドコモ電話帳サービスのご注意事項　タップする

ドコモ電話帳サービスのご利用（ドコモ電話帳のクラウドサービスのご利用）にあたっては、事前に以下の事項をご確認ください

者によってお客さまのクラウドデータの閲覧・編集・削除やドコモ電話帳サービスに関する各種設定を変更等されるおそれがあ

< 　 > 　 ⌂ 　 ☆ 　 ⎙ 　 ≡

⑤ 手順④と同様にプライバシーポリシーについても確認したら<利用する>をタップします。

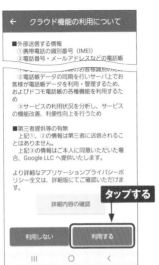

← クラウド機能の利用について

■外部送信する情報
①携帯電話の識別番号（IMEI）
②電話番号・メールアドレスなどの電話帳

②電話帳データの同期を行いサーバ上でお客様が電話データを利用・管理するため、およびドコモ電話帳の各種機能を利用するため
③サービスの利用状況を分析し、サービスの機能改善、利便性向上を行うため

■第三者提供等の有無
上記①、②の情報は第三者に送信されることはありません。
上記③の情報はご本人に同意いただいた場合、Google LLC へ提供いたします。

より詳細なアプリケーションプライバシーポリシー全文は、詳細版にてご確認いただけます。

詳細内容の確認

タップする

| 利用しない | 利用する |

⑥ クラウドにデータが存在する場合は初回のデータ同期を選択し、<OK>をタップします。

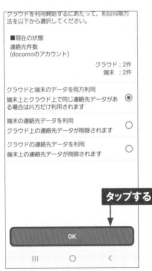

クラウドを利用開始するにあたって、初回同期方法を以下から選択してください。

■現在の状態
連絡先件数
（docomoのアカウント）
　　　　　　　　　　　　　クラウド：2件
　　　　　　　　　　　　　端末　：2件

クラウドと端末のデータを両方利用
端末上とクラウド上で同じ連絡先データがある場合は片方だけ利用されます　◉

端末の連絡先データを利用
クラウド上の連絡先データが削除されます　○

クラウドの連絡先データを利用
端末上の連絡先データが削除されます　○

タップする

OK

⑦ ドコモ電話帳に戻ります。機種変更などでクラウドサーバーに保存していた連絡先がある場合は、自動的に同期されます。

≡　すべての連絡先　　　🔍

連絡先リストが空です
連絡先を追加

MEMO　ドコモ電話帳の　　　クラウド機能とは

ドコモ電話帳のクラウド機能では、電話帳データを専用のクラウドサーバー（インターネット上の保管庫）に自動保存しています。そのため、機種変更をしたときも、クラウドを利用して簡単に電話帳のデータを移行できます。そのほか、マイプロフィールの変更をドコモ電話帳のクラウド機能を有効にしている友人へ一斉に通知する「マイプロフィール一斉送信」などがあります。また、パソコンから電話帳データを閲覧／編集できる機能も用意されています。

ドコモ電話帳に新規連絡先を登録する

1 P.40手順①～②を参考にドコモ電話帳を開き、●をタップします。

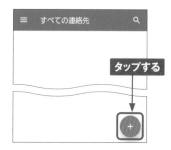

タップする

2 連絡先を保存するアカウントを選択します。ここでは<docomo>を選択します。

新しい連絡先のデフォルトアカウントを選択してください。

d docomo
docomo

G Google
@gmail.com

タップする

新しいアカウントを追加

3 入力欄をタップし、ソフトウェアキーボードを表示して、[姓]と[名]の入力欄へ連絡先の情報を入力して、<次へ>をタップします。

①入力する

d 保存先
docomo

石川

恵

電話番号

②タップする 次へ

4 電話番号やメールアドレスを入力します。ふりがなを入力する場合は、<その他の項目>をタップします。完了したら<保存>をタップします。

× 新しい連絡先の作成 保存

恵

②タップする

080-2222-5555

携帯 ▼

電話番号

①入力する

自宅 ▼

weekend@eponet.ne.jp

5 連絡先の情報が保存され、[ドコモ電話帳] に戻ります。

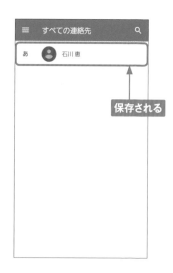

≡ すべての連絡先

あ 石川恵

保存される

ドコモ電話帳に通話履歴から登録する

1 P.36を参考に［履歴］画面を表示します。連絡先に登録したい電話番号をタップします。

2 ＜連絡先に追加＞をタップします。

3 ＜連絡先を新規作成＞をタップします。＜既存の連絡先を更新＞をタップすると、登録済みの連絡先を変更できます。

4 ［アプリケーションを選択］が表示されたら、登録する連絡先をタップで選択して＜常時＞をタップします。

5 P.42手順③〜④を参考に連絡先の情報を登録します。

6 ドコモ連絡帳のほか、通話履歴、連絡先にも登録した名前が表示されるようになります。

ドコモ電話帳のそのほかの機能

●連絡先を編集する

(1) P.40手順①〜②を参考に［ドコモ電話帳］画面を表示し、編集したい連絡先をタップします。

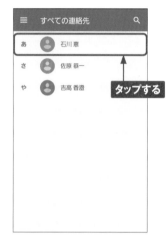

(2) ✐をタップし、P.42手順③〜④を参考に連絡先を編集します。

●電話帳から電話をかける

(1) 左記手順①〜②を参考に［プロフィール］画面を表示し、番号をタップします。

(2) 電話が発信されます。

自分の情報を確認する

1 P.40手順①〜②を参考に［ドコモ電話帳］画面を表示し、≡をタップします。

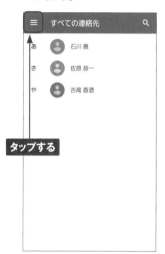

タップする

2 <設定>→<ユーザー情報>をタップします。

タップする

3 自分の情報が表示されて、電話番号などを確認できます。編集する場合は✎をタップします。

タップする

080-6666-6666

自分の電話番号が表示された

4 P.42手順③〜④を参考に情報を入力し、<保存>をタップします。

②タップする

①タップする

45

通知音や着信音を変更する

Application

メールの通知音や電話の着信音は、設定一覧画面から変更することができます。着信した相手によって、着信音を変えることも可能です。

通知音を変更する

1 アプリ一覧画面を開いて、<設定>をタップします。

2 設定一覧画面で、<サウンドとバイブ>をタップします。

3 <通知音>をタップします。

4 変更したい通知音をタップすると、通知音が変更されます。

46

着信音を変更する

1 P.46手順②の画面で、＜着信音＞をタップします。

```
< サウンドとバイブ            Q

サウンドモード

  ◄))          ◄؛          ◄
 サウンド       バイブ       サイレント
   ◉           ○           ○

着信時にバイブ                      ○⊃

着信音
Galaxy / Over the Horizon

通知音
Galaxy / Spaceline                 タップする

システムサウンドテーマ
Galaxy

音量

バイブパターン
```

2 変更したい着信音をタップします。本体内に保存した音楽（Sec.41参照）などを使用したい場合は、＋をタップします。

```
< 着信音                         ⊕

○ Over the Horizon

○ Planet              タップする

○ Pluto

◉ Polaris

○ Puddles

○ Quantum Bell

○ Satellite

○ Shooting Star

○ Sky High

○ Space Bell
```

3 ＜許可＞をタップします。

```
        曲がありません

  端末に曲を追加またはダウンロードすると、

         ▮

デバイス内の写真、メディア、ファイルへの
アクセスを「サウンドピッカー」に許可しま
すか？

     許可      ◄ タップする

     許可しない

   |||      ○      <
```

4 使用したい曲をタップして、＜完了＞をタップします。

```
サウンドピッカー            検索

ハイライトのみを再生           ◯●

○  ▮▮ Over the Horizon        &
        Samsung                あ
                               か
                               さ
                               た
                               な
                               は
                               ま
                               や
```

着信音を個別に設定する

> 相手によって異なる着信音を設定することができます。P.44左下の画面で右上の❚をタップし、＜着信音を設定＞をタップします。［着信音］画面が表示されたら、手順②の方法で着信音を設定します。

2

Section **15**

操作音やマナーモード
などを設定する

操作音や音量は設定一覧画面などから変更することができます。また、マナーモードは、通知パネルのアイコンをタップするだけで、着信音やバイブのオン／オフを切り替えることができます。

Application

操作音を設定する

1 設定一覧画面を開いて、＜サウンドとバイブ＞をタップします。

設定

接続
Wi-Fi、Bluetooth、機内モード、データ使用量

サウンドとバイブ
サウンドモード、着信音、音量

通知
アプリの通知、ステータスバー、通知をミュート
タップする

ディスプレイ

2 上の＜システムサウンド＞をタップします。

＜ サウンドとバイブ

システムサウンドテーマ
Galaxy

音量

バイブパターン
Basic call
タップする

システムサウンド
タッチ操作音やキーボードフィードバックを設定します。

3 テーマごとにまとめられた操作音を選んで設定することができます。

＜ システムサウンドテーマ

タッチ操作、充電、サウンドモードの変更、Galaxyキーボードに使用するサウンドテーマを選択してください。

◉ Galaxy
○ 穏やか
○ 楽しい　タップする
○ レトロ

4 手順②の画面で、下の＜システムサウンド＞をタップすると、操作音ごとにオンとオフを切り替えることができます。

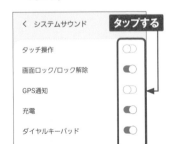

＜ システムサウンド　タップする

タッチ操作
画面ロック/ロック解除
GPS通知
充電
ダイヤルキーパッド

▲ 音量を設定する

●設定一覧画面から設定する

① P.48手順②の画面で＜音量＞を
タップします。

着信音
Galaxy / Over the Horizon

通知音
Galaxy / Spaceline

システムサウンドテーマ
Galaxy

音量

バイブパターン
Basic call
タップする

システムサウンド
タッチ操作音やキーボードフィードバックを設定します。

音質とエフェクト

② 音量の設定画面が表示されるの
で、各項目のスライダーをドラッグ
して、音量を設定します。

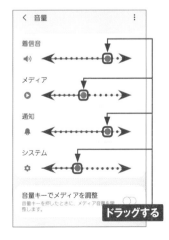

＜ 音量 　　　　　　　　　　⋮

着信音
◀))

メディア
●

通知
🔔

システム
⚙

音量キーでメディアを調整
音量キーを押したときに、メディア音量を調整します。
ドラッグする

●音量キーから設定する

① ロックを解除した状態で、音量キー
を押すと、着信音の音量設定画
面が表示されるので、スライダー
をドラッグして、音量を設定します。
∨ をタップします。

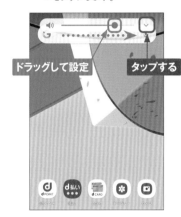

ドラッグして設定　　　　　**タップする**

② ほかの項目が表示され、ここから
音量を設定することができます。

音量　　　　　　　　　　∧

着信音
◀))

メディア
●

通知
🔔

システム
⚙

音量キーでメディアを調整
音量キーを押したときに、メディア音量を調整します。

マナーモードを設定する

1. ステータスバーを下方向にスライドします。

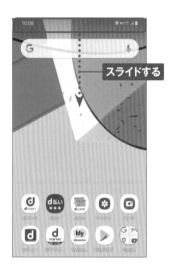

スライドする

2. 通知パネル上部のクイック設定ボタンに◀が表示され、着信などのときに音が鳴るサウンドモードになっています。◀をタップします。

タップする

3. 表示が◀に切り替わり、バイブモードになります。◀をタップします。

タップする

4. 表示が◀に切り替わり、サイレントモードになります。◀をタップすると、サウンドモードに戻ります。

タップする

メールやインターネット
を利用する

A21で使える 4種類のメール

Application

A21では、ドコモメール（「@docomo.ne.jp」）やSMS、+メッセージのほか、GmaiやYahoo!、プロバイダメールなどのパソコンで使用しているメールの利用も可能です。

ドコモメール

NTTドコモの提供するメールです。「@docomo.ne.jp」のアドレスが使えます。iモードと同じアドレスが使用可能です。

こんにちは〜 💀 ☀

| From: | sample@@docomo.ne.jp |
| to: | ××××@×××.××× |

[ドコモメール] アプリ

SMSと+メッセージ

相手の携帯電話番号宛にメッセージを送信します。従来のSMSとその拡張モードの+メッセージ（P.53MEMO参照）を利用できます。

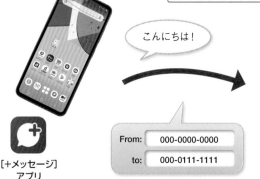

こんにちは！

| From: | 000-0000-0000 |
| to: | 000-0111-1111 |

[+メッセージ] アプリ

Gmail

こんにちは〜

Googleが提供するメールです。Googleアカウントを設定するだけで利用できます。

[Gmail]
アプリ

From: sample@gmail.com
to: ××××@×××.×××

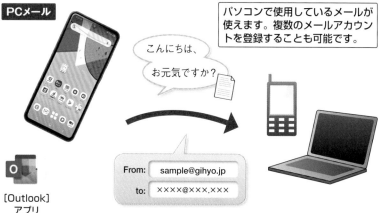

PCメール

こんにちは、お元気ですか?

パソコンで使用しているメールが使えます。複数のメールアカウントを登録することも可能です。

[Outlook]
アプリ

From: sample@gihyo.jp
to: ××××@×××.×××

MEMO **+メッセージについて**

+メッセージは、従来のSMSを拡張したものです。宛先に相手の携帯電話番号を指定するのはSMSと同じですが、文字だけしか送信できず、別途通信料がかかるSMSと異なり、パケット通信料でスタンプや写真、動画なども送ることができます。ただし、SMSは相手を問わず利用できるのに対し、+メッセージをやり取りできるのは、相手も+メッセージを利用している場合のみです。相手が+メッセージを利用していない場合は、SMSとしてテキスト文のみが送信されます。

ドコモメールを設定する

Application

A21では、「ドコモメール」を利用できます。ここでは、ドコモメールの初期設定方法を解説します。なお、ドコモショップなどで、すでに設定を行っている場合は、この操作は必要ありません。

▌ [ドコモメール] アプリをアップデートする

1 ホーム画面で✉をタップします。

3 アップデートが完了したら、<アプリ起動>をタップします。

2 ドコモメールのアプリ情報が表示されるので、<アップデート>をタップします。

4 許可についての説明が表示されたら<次へ>をタップし、それぞれの画面で<許可>をタップします。

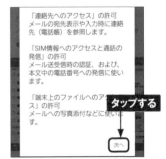

⑤ ドコモメールが起動します。初回起動時は使用許諾契約書が表示されるので、<使用許諾の内容に同意する>にチェックを付け、<利用開始>をタップします。

⑥ [メッセージS利用許諾]画面で、<メッセージSの利用許諾内容に同意する>にチェックを付け、<利用開始>をタップします。

⑦ [ドコモメールアプリ更新情報]が表示されたら、<閉じる>をタップします。

⑧ [文字サイズ設定]が表示されます。本文と一覧の文字サイズをそれぞれ選択して、<OK>をタップします。

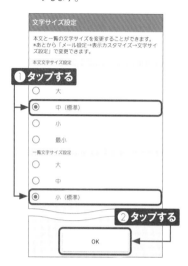

⑨ ドコモメールの[フォルダ一覧]画面が表示されます。次回からはホーム画面で<ドコモメール>をタップするだけで起動します。

3

ドコモメールの
アドレスを変更する

Application

NTTドコモの回線を契約した当初は、ドコモメールのアドレスとして
ランダムな文字列が設定されています。自分や知り合いが覚えや
すいアドレスに変更しましょう。

メールアドレスを変更する

(1) P.54手順①を参考に[ドコモメール]を起動し、<その他>をタップして<メール設定>をタップします。

- □ ■ ごみ箱 / フォルダ新規作成
- オススメ / メール取り込み
- ■ ドコモから / メール振分け
- → メール設定
- **② タップする** / ヘルプ **① タップする**
- クラウド利用状況確認
- アプリ情報
- 新規 検索 更新 その他

(2) メール設定画面が表示されます。<ドコモメール設定サイト>をタップします。

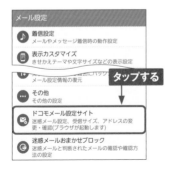

メール設定

- ♪ 着信設定
  メールやメッセージ着信時の動作設定
- 表示カスタマイズ
  きせかえテーマや文字サイズなどの表示設定
- メール設定情報の復元 **タップする**
- ・・・ その他
  その他の設定
- ✉ ドコモメール設定サイト
  迷惑メール設定、受信サイズ、アドレスの変更・確認(ブラウザが起動します)
- 迷惑メールおまかせブロック
  迷惑メールと判断されたメールの確認や確認方法の設定

(3) [パスワード確認]ページが表示された場合は、SPモードのパスワード(P.26参照)を入力して、<パスワード確認>をタップします。

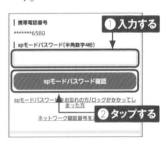

携帯電話番号
*******6580 **① 入力する**
spモードパスワード(半角数字4桁)

spモードパスワード確認

spモードパスワードをお忘れの方/ロックがかかってしまった方
ネットワーク暗証番号を　**② タップする**

(4) <メール設定内容の確認>をタップします。

döcomo

お客様サポート

メール設定

メールアドレスsp*****************@docomo.ne.jp

メール設定確認 **タップする**

メールアドレスや迷惑メール対策の設定を確認できます。

メール設定内容の確認 >

迷惑メール/SMS対策

(5) <メールアドレスの変更>をタップします。注意事項が表示されたら内容を確認し、<継続する>をタップして選択して、<次へ>をタップします。

(6) <自分で希望するアドレスに変更する>をタップして選択し、希望するアドレスを入力して、<確認する>をタップします。

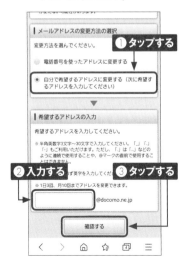

(7) <設定を確定する>をタップすると、設定完了です。← を何度かタップして、ブラウザを終了します。

(8) P.56手順①の画面に戻るので、<更新>をタップします。

3

57

ドコモメールを利用する

Application

Sec.18で変更したメールアドレスで、ドコモメールを使ってみましょう。ほかの携帯電話とほとんど同じ感覚で、メールの閲覧や返信、新規作成が行えます。

ドコモメールを新規作成する

1 ホーム画面で✉をタップします。

2 画面左下の<新規>をタップします。<新規>が表示されないときは、くを何度かタップします。

3 新規メールの[作成]画面が表示されるので、[To]欄にメールアドレスを入力します。

入力する

MEMO アドレス帳を利用する

手順③の画面で🔲をタップすると、電話帳に登録した連絡先のアドレスが名前順に表示されるので、送信したい宛先をタップすると、メールアドレスを入力することができます。送受信の履歴から宛先を選ぶこともできます。

④ [件名] 欄をタップして、タイトルを入力し、[本文] 欄をタップします。

⑥ <送信>をタップすると、メールを送信できます。

⑤ メールの本文を入力します。

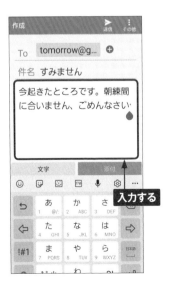

MEMO 写真やファイルを添付する

メール作成画面で<添付>をタップすると、ファイルやその場で撮影した写真や動画を添付することができます。

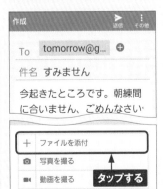

59

受信したメールを閲覧する

① メールを受信すると通知が表示されるので、✉をタップします。

タップする

② [フォルダー一覧] 画面が表示されたら、<受信BOX>をタップします。

フォルダー一覧
karamen1@docomo.ne.jp

受信メール

□ 📥 受信BOX   ❶

□ 📩 メッセージR

□ 📩 メッセージS

その他のメール

□ ➤ 送信BOX

□ 📩 未送信BOX

□ 🗑 ごみ箱

オススメ

　🔲 ドコモからのオススメ

タップする

③ 受信したメールの一覧が表示されます。内容を閲覧したいメールをタップします。

受信BOX   1
karamen1@docomo.ne.jp

● 吉高 香澄   今日 9:53
□　約束でいっぱい　最近マッチングアプリを始
　　めたらアプリではかなりモテる。全部おじさ
　　んだけど。

タップする

④ メールの内容が表示されます。宛先横の◉をタップすると、宛先のアドレスと件名が表示されます。

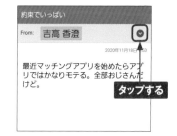

約束でいっぱい

From: 吉高 香澄   ◉

　　　　　　　　　　2020年11月18日 9:53

最近マッチングアプリを始めたらアプリではかなりモテる。全部おじさんだけど。

タップする

MEMO メールの削除

手順③の画面で削除したいメールの左にある□をタップしてチェックを付け、画面下部のメニューから<削除>をタップすると、メールを削除できます。

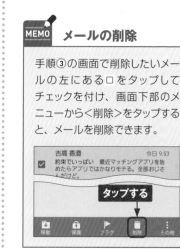

吉高 香澄   今日 9:53
☑　約束でいっぱい　最近マッチングアプリを始
　　めたらアプリではかなりモテる。全部おじさ
　　んだけど。

タップする

移動　保護　フラグ　削除　その他

✉ 受信したメールに返信する

1 P.60を参考に受信したメールを表示し、画面左下の<返信>をタップします。

タップする

2 [作成] 画面が表示されるので、本文の入力欄をタップします。

タップする

3 相手に返信する本文を入力し、<送信>をタップすると、メールの返信が行えます。

❶入力する ❷タップする

MEMO フォルダの作成

ドコモメールではフォルダでメールを管理できます。フォルダを作成するには、[フォルダ一覧] 画面で画面右下の<その他>→<フォルダ新規作成>の順にタップします。

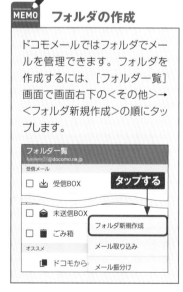

タップする

Application

メールを自動振分けする

ドコモメールは、送受信したメールを自動的に任意のフォルダへ振分けることも可能です。ここでは、振分けルールの作成手順を解説します。

振分けルールを作成する

(1) [フォルダ一覧] 画面で画面右下の<その他>をタップし、<メール振分け>をタップします。

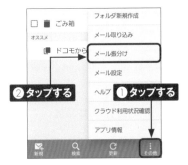

(2) [振分けルール] 画面が表示されるので、<新規ルール>をタップします。

(3) <受信メール>または<送信メール>（ここでは<受信メール>）をタップします。

MEMO 振分けルールの作成

ここでは、「[差出人] に [@gihyou.com] というキーワードが含まれるメールを受信したら、自動的に [おしごと] フォルダに移動させる」という振分けルールを作成しています。なお、手順③で<送信メール>をタップすると、送信したメールの振分けルールを作成できます。

4 [振分け条件]の<新しい条件を追加する>をタップします。

5 振分けの条件を設定します。ここでは<差出人で振り分ける>をタップします。

6 任意のキーワード（ここではメールアドレスのドメイン名）を入力して、<決定>をタップします。

7 <フォルダ指定なし>をタップし、次の画面で<振分け先フォルダを作る>をタップします。

8 フォルダ名を入力し、<決定>をタップします。［確認］画面が表示されたら、<OK>をタップします。

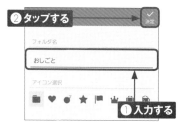

9 手順④の画面に戻るので、<決定>をタップします。

10 [振分け]画面が表示されたら、<はい>をタップします。振分けルールが新規登録されます。

Application

迷惑メールを防ぐ

ドコモメールでは、受信したくないメールを、ドメインやアドレス別に細かく設定することができます。スパムメールなどの受信を拒否したい場合などに設定しておきましょう。

受信拒否リストを設定する

① ［フォルダ一覧］画面で＜その他＞→＜メール設定＞の順にタップします。

② ＜ドコモメール設定サイト＞をタップします。

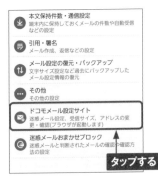

③ ［パスワード確認］ページが表示された場合は、SPモードのパスワード（P.26参照）を入力して、＜パスワード確認＞をタップします。

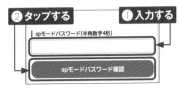

MEMO 迷惑メールおまかせブロックとは

ドコモでは、迷惑メールフィルターの設定のほかに、迷惑メールを自動で判定してブロックする「迷惑メールおまかせブロック」という、より強力な迷惑メール対策サービスがあります。月額利用料金がかかりますが、「あんしんネットセキュリティ」と同じ料金なので、同サービスを契約していれば、迷惑メールおまかせブロック機能も追加料金不要で利用できます。

④ [メール設定] 画面で＜拒否リスト設定＞をタップします。

利用シーンに合わせた設定　⊖

アドレスやドメインを個別に指定した受信や拒否はこちら。

家族・友人・会社などからのメールを必ず受信したい。

受信リスト設定　＞　**タップする**

特定のアドレスからのメールが届くので拒否したい。

拒否リスト設定　＞

⑤ [拒否リスト設定] 欄の＜設定を利用する＞をタップし、[拒否するメールアドレスの登録] 欄の＜さらに追加する＞をタップします。

● 設定を利用する　**❶タップする**

◎ 設定を利用しない

|拒否するメールアドレスの登録

拒否したいメールアドレスを登録してください。

※ 登録したメールアドレスと送信元メールアドレスが完全一致した場合に拒否します。

※ 登録済メールアドレスをタップするとメールアドレスの編集ができます。
編集後は赤字で表示されます。
編集前の状態に戻したい場合は「戻す」を　**❷タップする**　さい。詳しくは「詳細説明はこちら」をご確認ください。

登録済メールアドレス（0／120件）　⊕

＋さらに追加する

⑥ 受信を拒否するメールアドレスを入力します。続けてほかのメールアドレスを登録する場合は、＜さらに追加する＞をタップします。

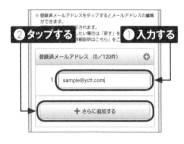

※ 登録済メールアドレスをタップするとメールアドレスの編集ができます。
❷タップする したい場合は「戻す」を　**❶入力する**
詳細説明はこちら」をご

登録済メールアドレス（0／120件）　⊕

1. sample@yctt.com|

＋さらに追加する

⑦ 受信を拒否するメールのドメインを登録する場合は、[拒否するドメインの登録] 欄の＜さらに追加する＞をタップして、手順⑥と同様にドメインを入力します。

編集前の状態に戻した場合は「戻す」をタップしてくだ
❶タップする　詳細説明はこちら」をご　**❷入力する**

登録済ドメイン（0／120件）　⊕

1. @sic.com

＋さらに追加する

⑧ 登録が終わったら＜確認する＞をタップします。

拒否したいドメインを登録してください。

※ 登録したドメインが送信元メールアドレスに含まれていた場合に拒否します。

※ 登録済ドメインをタップするとドメインの編集ができます。
編集後は赤字で表示されます。
編集前の状態に戻したい場合は「戻す」をタップしてください。詳しくは「詳細説明はこちら」をご確認ください。

登録済ドメイン（0／120件）　⊕

1. @sic.com

＋さらに追加する　**タップする**

確認する

⑨ 入力した受信拒否リストを確認して、＜設定を確定する＞をタップします。

|拒否リスト設定　－

設定を利用する

登録済メールアドレス　1／120件
sample@yctt.com

登録済ドメイン　1／120件
@sic.com

設定を確定する

修正する　**タップする**

＋メッセージ (SMS) を利用する

Application

[＋メッセージ（SMS）] アプリでは、携帯電話番号を宛先にして、SMSでは文字のメッセージ、＋メッセージでは写真やビデオなどもやり取りできます。

SMSと＋メッセージ

A21では、従来の [SMS] アプリが、[＋メッセージ（SMS）] アプリに置き換わり、[＋メッセージ] アプリからSMS（ショートメッセージ）と＋メッセージを送受信することができます。SMSで送受信できるのは最大で全角70文字（他社宛）までのテキストですが、＋メッセージでは文字が全角2730文字、そのほかに100MBまでの写真や動画、スタンプ、音声メッセージをやり取りでき、グループメッセージや現在地の送受信機能もあります。

また、SMSは送信に1回あたり3 〜 6円かかりますが、＋メッセージはパケットを使用するため、パケット定額のコースを契約していれば、特に料金は発生しません。

＋メッセージは、相手も＋メッセージを利用している場合のみ利用できます。SMSと＋メッセージどちらが利用できるかは自動的に判別されますが、画面の表示からも判断することができます（下図参照）。

[＋メッセージ（SMS）] アプリで表示される連絡先の相手画面。＋メッセージを利用できる相手には、C+が表示されます。

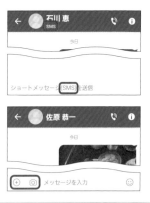

相手が＋メッセージを利用していない場合、名前とメッセージ欄に「SMS」と表示されます（上図）。＋メッセージを利用している場合は、添付アイコンが表示されます（下図）。

3

✈ SMSを送信する

① ホーム画面で、<＋メッセージ（SMS）>をタップします。初回は許可画面などが表示されるので、画面に従って操作します。

② 新規にメッセージを作成する場合は、➕をタップします。

③ <新しいメッセージ>をタップします。<新しいグループメッセージ>は、＋メッセージの機能です。

④ ここでは、番号を入力してSMSを送信します。<名前や電話番号を入力>をタップして、番号を入力します。連絡先に登録している相手の名前をタップすると、その相手にメッセージを送信できます。

⑤ <メッセージを入力（SMS）>をタップして、メッセージを入力し、➤をタップします。

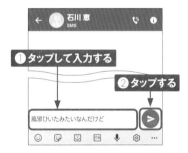

⑥ メッセージが送信され、送信したメッセージが画面の右側に表示されます。

3

◣ メッセージを受信する／返信する

(1) メッセージが届くと、ステータスバーに通知アイコンが表示されます。ステータスバーを下方向にスライドします。

スライドする

(2) 通知パネルに表示されているメッセージの通知をタップします。

タップする

(3) 受信したメッセージが左側に表示されます。メッセージを入力して、●をタップすると、相手に返信できます。

① 入力する   ② タップする

MEMO メッセージのやり取りはスレッドで表示される

SMSで相手とやり取りすると、やり取りした相手ごとにメッセージがまとまって表示されます。このまとまりを「スレッド」と呼びます。スレッドをタップすると、その相手とのやり取りがリストで表示され、返信も可能です。

タップする

▎ ＋メッセージで写真や動画を送る

(1) ここでは連絡先リストから＋メッセージを送信します。P.67手順②の画面で、＜連絡先＞をタップし、🔄の付いた相手をタップします。

(2) ＜メッセージ＞をタップします。なお、＋メッセージを利用していない相手の場合は、＋メッセージの利用を促すSMSを送る画面が表示されます。

(3) ⊕をタップします。なお、◎をタップすると、写真を撮影して送信、◎をタップすると、スタンプを送信できます。

(4) ここでは本体内の写真を送ります。🖼をタップして、表示された本体内の写真をタップします。

(5) 写真が表示されるので、▶をタップします。

(6) 写真が送信されます。なお、＋メッセージの場合、メールのように文字や写真を一緒に送ることはできず、個別に送ることになります。

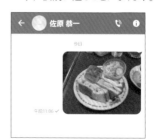

3

69

Gmailを利用する

GmailはGoogleの提供するメールサービスです。メールアドレスはGoogleの
アカウントと共通なので、Googleアカウントを登録すると、すぐに利用できま
す。また、PCメールなどほかのメールアカウントを追加して使うこともできます。

受信したGmailを閲覧する

① ホーム画面で＜Google＞フォル
ダを開いて、＜Gmail＞をタップし
ます。

② 画面の指示に従って操作すると、
[メイン] 画面が表示されます（右
のMEMO参照）。読みたいメー
ルをタップします。

③ メールの差出人やメール受信日
時、メール内容が表示されます。
←をタップすると、[メイン] 画面
に戻ります。なお、↩をタップす
ると、表示中のメールに返信する
ことができます。

MEMO Googleアカウントを同期する

Gmailを使用する前に、Sec.08
を参考にあらかじめ自分の
Googleアカウントを設定しましょ
う。P.25手順⑧の画面で、Gm
ailを同期する設定にしておくと、
Gmailのメールが自動的に同期
されます。すでにGmailを使用し
ている場合は、内容がそのまま
[Gmail] アプリで表示されます。

▲ Gmailを送信する

(1) [メイン] 画面を表示して、<作成>をタップします。

タップする

(2) [作成] 画面が表示されます。<To>をタップして宛先のアドレスを入力します。相手の名前を入力すると、連絡先から選択できます。

入力する

(3) 件名とメッセージを入力し、▷をタップすると、メールが送信されます。

① 入力する　　② タップする

MEMO メニューを表示する

「Gmail」の画面を左端から右方向にスライドすると、メニューが表示されます。メニューでは、[メイン] 以外のカテゴリやラベルを表示したり、送信済みメールを表示したりできます。なお、ラベルの作成や振り分け設定は、パソコンのWebブラウザで「http://mail.google.com/」にアクセスして操作します。

PCメールを設定する

Application

A21で会社のPCメールや、Yahoo!メールといったWebメールを利用するには、[Gmail]アプリと[Outlook]アプリを使う方法があります。ここでは、[Outlook]アプリでの設定を紹介します。

Yahoo!メールを設定する

1 あらかじめメールのアカウント情報を準備しておきます。アプリ一覧画面から、<Outlook>をタップします。

2 <始める>をタップします。

3 ここではYahoo!メールを例に設定を紹介します。メールアドレスを入力し、<続行>をタップします。

MEMO Yahoo!メールのパスワード

Yahoo!メールのアカウントは、https://mail.yahoo.co.jp/promo/で無料で作成することができます。Webでメールを利用する際には、登録した電話番号にSMSで送られる確認コードで認証を行います。ここで紹介しているように、ほかのメールアプリから利用するときには、パスワードを設定して有効化しておく必要があります。

（4） パスワードや表示名を入力して、✓をタップします。

（5） ここでは、＜後で＞をタップします。

（6） 設定したメールの受信トレイが表示され、メールを送受信することができるようになります。

3

MEMO 2つ目以降の アカウント登録

最初のアカウントを登録すると、P.72手順①の次はP.73手順⑥の画面が表示されます。別のアカウントを登録したい場合は、手順⑥の画面で左上の☉→ ☉をタップします。

Application

Webページを見る

A21にはインターネットの閲覧アプリとして［ブラウザ］と［Chrome］が標準搭載されており、パソコンなどと同様にWebページを表示できます。ここでは、［ブラウザ］の使い方を紹介します。

ブラウザを起動する

1 ホーム画面で◎をタップします。ガイドが表示されたら、＜スキップ＞をタップします。

タップする

2 ［ブラウザ］が起動して、標準ではドコモのWebページが表示されます。画面上部には［アドレスバー］が配置されています。［アドレスバー］が見えないときは、画面を下方向にフリックすると表示されます。

フリックする

3 ［アドレスバー］をタップし、URLを入力して、＜移動＞をタップします。

❶入力する

❷タップする

4 指定したURLのWebページが表示されます。

◤ Webページを移動する

① Webページの閲覧中に、リンク先のページに移動したい場合、ページ内のリンクをタップします。

② ページが移動します。< をタップすると、タップした回数分だけページが戻ります。

③ > をタップすると、前のページに進みます。

④ [アドレスバー] の ○ をタップすると、表示ページが更新されます。

MEMO PCサイトの表示

スマートフォンの表示に対応したWebページを [ブラウザ] で表示すると、モバイル版のWebページが表示されます。パソコンで閲覧する際のPC版サイトをあえて表示させたい場合は、画面右下の三をタップし、<PC版>をタップします。もとに戻すには、再度、三をタップし、<モバイル版>をタップします。

複数のWebページを同時に開く

Application

[ブラウザ]では、複数のWebページをタブを切り替えて同時に開くことができます。複数のページを交互に参照したいときや、常に表示しておきたいページがあるときに利用すると便利です。

新しいタブを開く

① ページ内にあるリンクを新しいタブで開きたいときは、そのリンクをロングタッチします。

② メニューが表示されるので、<新規タブで開く>をタップします。

③ リンク先のページが新しいタブで表示されます。

MEMO 別のタブを開く

リンクではなく別のタブを開きたい場合は、画面右下の🔲をタップし、<新規タブ>をタップします（P.77参照）。標準ではホームページになっているドコモのWebページが表示されます。

▶ タブを閉じる

(1) 複数のタブを開いた状態で、□を
タップします。

(2) 現在開いているタブの一覧がリスト表示されるので、表示したいタブをタップします。

(3) タブが切り替わり、選択したタブのページが表示されます。

MEMO タブのそのほかの操作

不要なタブを閉じるときは、手順
②の画面で、閉じたいタブの
をタップします。また、手順②の
画面で右上の目をタップして、
<表示形式>をタップすると、ス
タック表示やグリッド表示にする
ことができます。

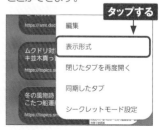

ブックマークを利用する

[ブラウザ]では、WebページのURLを「ブックマーク」に保存しておき、好きなときにすぐに表示することができます。よく閲覧するWebページはブックマークに保存しておくと便利です。

ブックマークを追加する

(1) ブックマークに追加したいWebページを表示し、≡をタップします。

(2) <ページを追加>→<ブックマーク>の順にタップします。

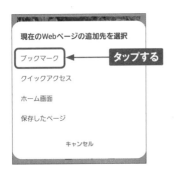

(3) タイトルなどを編集して、<保存>をタップするとWebページがブックマークに保存されます。

MEMO ホーム画面にショートカットを配置する

手順②の画面で<ホーム画面>をタップすると、ブックマークをホーム画面のショートカットとして配置できます。このショートカットをタップすると、[ブラウザ]が起動してショートカットのWebページを表示できます。

ブックマークからWebページに移動する

(1) ［ブラウザ］を起動し、☆をタップします。

▲約1400年前に創建されたといわれる善光寺。本堂は国宝に指定されている

中世から続く、善光寺仲見世の歴史

タップする

JR長野駅から約2km（徒歩約30分）の場所にある善光寺は、どこの宗派にも属さない無宗派のお寺。すべての人を受け入れる門戸の開かれたお寺として、古くから厚い信仰を集めてきました。
善光寺同様、境内にある仲見世の歴史も非常に古く、中世の時代から大道商人や立ち売りなどが商売

(2) ［ブックマーク］画面が表示されるので、表示したいページのブックマークをタップします。

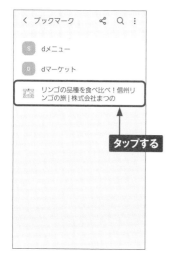

< ブックマーク

dメニュー

dマーケット

リンゴの品種を食べ比べ！信州リンゴの旅 | 株式会社まつの

タップする

(3) 手順②でタップしたブックマークのページが表示されます。

株式会社まつの

リンゴの品種は主に
・外国原産のものが日本に入ってきたもの
・自然交雑実生（果樹園で自然に交雑して得られた実生）
・偶発実生（種子の両親は不明であるが、たまたま優秀な形質を持つ実生樹として発見された実生）
・枝変わり（一部の枝のみが突然変異によって、他と異なる遺伝形質を示す現象）
・交配（繁殖や品種改良などのために人工的に受粉を行うこと）
で作られています。

さて、ここでクイズです。日本で一番多く作られてい

MEMO ブックマークを削除する

手順②の画面で削除したいブックマークをロングタッチし、＜削除＞をタップすると、ブックマークを削除できます。

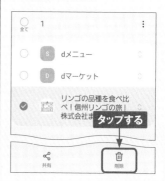

全て 1

dメニュー

dマーケット

✓ リンゴの品種を食べ比べ！信州リンゴの旅 | 株式会社ま

タップする

共有　　削除

Application

ブラウザから検索する

[ブラウザ] から、Google検索を利用してインターネットのWebページを検索することができます。URLの一部しかわからない、商品名しか知らない会社のWebページを見たい、という場合にも役立ちます。

ブラウザからGoogle検索をする

① [ブラウザ] を起動して、[アドレスバー] をタップします。

② 検索したいキーワードを入力して、<移動>をタップします。なお、アドレスバーの下に表示される検索候補をタップしても検索ができます。

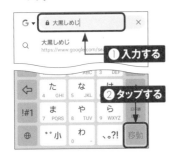

③ Google検索が実行され、検索結果が表示されます。表示したいページのリンクをタップすると、リンク先のページが表示されます。

MEMO ホーム画面からの検索

Google検索は、ホーム画面の上部に配置されているクイック検索ボックスからも行えます。

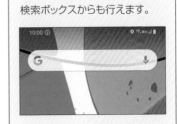

Google のサービスを
使いこなす

Google Playで
アプリを検索する

A21は、Google Playに公開されているアプリをインストールすることで、さまざまな機能を利用できます。まずは、目的のアプリを探す方法を解説します。

Application

アプリを検索する

1 Google Playを利用するには、ホーム画面で＜Playストア＞をタップします。

2 利用規約が表示されたら、＜同意する＞をタップします。［Playストア］アプリが起動して、Google Playのトップページが表示されます。＜アプリ＞→＜カテゴリ＞をタップします。

3 ［アプリ］の［カテゴリ］画面が表示されます。［人気のカテゴリ］を上下にスワイプして、ジャンルを探します。

4 見たいジャンル（ここでは＜エンタメ＞）をタップします。

5 無料アプリの人気ランキングが表示されます。<急上昇>をタップします。

6 [急上昇] カテゴリのランキングを見ることができます。<無料>、<売上トップ>をタップすることで、それぞれのランキングを見ることができます。詳細を確認したいアプリをタップします。

7 アプリの詳細な情報が表示されます。人気のアプリでは、ユーザーレビューも読めます。

4

MEMO **キーワードで検索する**

Google Playでは、キーワードからアプリを検索できます。検索機能を利用するには、画面上部にある検索ボックスや Q をタップし、検索欄にキーワードを入力して、Q をタップします。

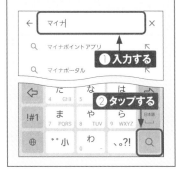

Section **30**

アプリをインストールする／アンインストールする

Application

Google Playで目的の無料アプリを見つけたら、インストールしてみましょう。なお、不要になったアプリは、Google Playからアンインストール（削除）できます。

アプリをインストールする

1 Google Playでアプリの詳細画面を表示し（Sec.29参照）、＜インストール＞をタップします。

2 アプリのダウンロードとインストールが始まります。

3 アプリを起動するには、インストール完了後、＜開く＞をタップするか、アプリ一覧画面に追加されたアイコンをタップします。

MEMO ［アカウント設定の完了］が表示されたら

手順①で＜インストール＞をタップしたあとに、［アカウント設定の完了］画面が表示される場合があります。その場合は、＜次へ＞→＜スキップ＞をタップすると、アプリのインストールを続けることができます。

84

▎ アプリを更新する／アンインストールする

●アプリを更新する

(1) Google Play画面の左端から中央に向けてスライドし、表示されるメニューの＜マイアプリ＆ゲーム＞をタップします。

(2) 更新可能なアプリがある場合、[アップデート保留中]に一覧が表示されます。＜すべて更新＞をタップすると、一括で更新されます。

●アプリをアンインストールする

(1) 左側手順②の画面で[インストール済み]をタップし、アンインストールしたいアプリ名をタップします。

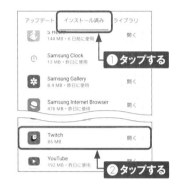

(2) アプリの詳細が表示されます。＜アンインストール＞をタップし、＜OK＞をタップするとアンインストールされます。

4

MEMO **アプリの自動更新を停止する**

初期設定では、Wi-Fi接続時にアプリが自動更新されるようになっています。自動更新しないように設定するには、上記左側の手順①の画面で＜設定＞→＜アプリの自動更新＞をタップし、＜アプリを自動更新しない＞をタップします。

Application

有料アプリを購入する

有料アプリを購入する場合、「キャリアの決済サービス」など支払い方法が選べます。ここではクレジットカードを登録する方法を解説します。

クレジットカードで有料アプリを購入する

(1) 有料アプリを選択し、アプリの価格が表示されたボタンをタップします。

(3) 登録画面で［カード番号］と［有効期限］、［CVCコード］を入力します。

入力する

(2) <カードを追加>をタップします。

MEMO Google Play ギフトカード

コンビニなどで販売されている「Google Playギフトカード」を利用すると、プリペイド方式でアプリを購入できます。クレジットカードを登録したくないときに使うと便利です。利用するには、手順③で<コードの利用>をタップするか、事前にP.85左側の手順①の画面で<コードを利用>をタップし、カードに記載されているコードを入力して<コードを利用>をタップします。

④ [クレジットカード所有者の名前]、[国名]、[郵便番号]を入力し、<保存>をタップします。

⑤ <1クリックで購入>をタップします。

⑥ パスワードを入力します。この後、認証の要求に関する画面が表示される場合があります。

⑦ <OK>をタップすると、アプリのダウンロード、インストールが始まります。

MEMO　購入したアプリを払い戻す

有料アプリは、購入してから2時間以内であれば、Google Playから返品して全額払い戻しを受けることができます。P.85右側の手順①〜②を参考に購入したアプリの詳細画面を表示し、<払い戻し>をタップして、次の画面で<はい>をタップします。なお、払い戻しできるのは、1つのアプリにつき1回だけです。

4

YouTubeで世界中の
動画を楽しむ

Application

世界最大の動画共有サイトであるYouTubeの動画を、A21でも視聴することができます。高画質の動画を再生可能で、一時停止や再生位置の変更もできます。

▲▲ YouTubeの動画を検索して視聴する

1 ホーム画面の<Google>フォルダを開いて、<YouTube>をタップします。

タップする

3 画面右上の 🔍 をタップします。

タップする

2 YouTubeのトップページが表示されます。

4 入力欄に検索したいキーワードを入力して、🔍 をタップします。

① 入力する

② タップする

⑤ 検索結果一覧の中から、視聴したい動画をタップします。

タップする

⑥ タップした動画が再生されます。

⑦ 再生画面をタップすると、再生コントロールが表示されます。■をタップすると、フルスクリーン表示になり、Ⅱをタップすると、再生が一時停止されます。〈 をタップします。

タップして一時停止

タップしてフルスクリーン

タップする

⑧ 検索結果に戻ります。直前まで表示していた動画が下に表示されます。終了する場合は、動画を下方向にスワイプします。

スワイプする

4

Googleアシスタントを利用する

Application

A21では、Googleの音声アシスタントサービス「Googleアシスタント」を利用できます。ホームボタンをロングタッチするだけで起動でき、音声でさまざまな操作をすることができます。

Googleアシスタントの利用を開始する

1 ◯をロングタッチします。

ロングタッチする

2 Googleアシスタントの開始画面が表示されます。

3 Googleアシスタントが利用できるようになります（P.91参照）。

はじめまして、二十一さん。Googleアシスタントです。知りたいこと、やりたいことをサポートします。例えばこんなことができますよ。

次のように言ってみてください

MEMO 音声でアシスタントを起動する

音声を登録すると、A21の起動中に「OK Google（オーケーグーグル）」と発声して、すぐにGoogleアシスタントを使うことができます。設定一覧画面で、<Google>→<アカウントサービス>→<検索、アシスタントと音声>→<Googleアシスタント>→<Voice Match>→<OK Google>の順にタップして、画面にしたがって音声を登録します。

⚡ Googleアシスタントへの問いかけ例

Googleアシスタントを利用すると、語句の検索だけでなく予定やリマインダーの設定、電話やメールの発信など、さまざまなことが、A21に話かけるだけでできます。まずは、「何ができる?」と聞いてみましょう。

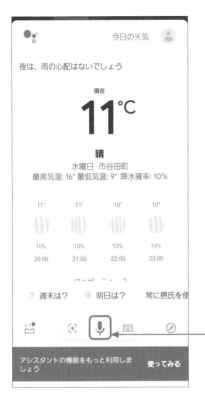

●調べ物

「東京タワーの高さは?」
「ビヨンセの身長は?」

●スポーツ

「ガンバ大阪の試合はいつ?」
「セリーグの順位は?」

●経路案内

「最寄りのスーパーまでナビして」

●楽しいこと

「牛の鳴き声を教えて」
「コインを投げて」

タップして話しかける

 MEMO Googleアシスタントから利用できないアプリ

たとえば、Googleアシスタントで「○○さんにメールして」と話しかけると、[Gmail] アプリ(Sec.23参照)が起動し、ドコモの [ドコモメール] アプリ(Sec.19参照)は利用できません。このように、GoogleアシスタントではGoogleのアプリが優先され、一部のアプリはGoogleアシスタントからは利用できません。

Googleマップを使いこなす

Application

[マップ] アプリを利用すれば、現在地や行きたい場所までの道順を地図上に表示できます。なお、[マップ] アプリは頻繁に更新が行われるため、本書と表示内容が異なる場合があります。

マップを利用する準備を行う

(1) アプリ一覧画面を開いて、<設定>をタップします。

(2) <位置情報>をタップします。

(3) <OFF>になっている場合は、タップして<ON>にします。

(4) <同意する>をタップすると、位置情報がONになります。

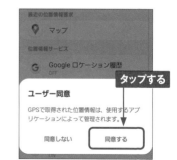

マップで現在地の情報を取得する

① ホーム画面の<Google>フォルダを開いて、<マップ>をタップします。

タップする

② ガイドが表示されたら<OK>をタップします。現在地の表示が間違っている場合は、◉をタップすると、現在地が表示されます。

タップする

外神田周辺のス

③ 地図の拡大・縮小はピンチで行います。スライドすると表示位置を移動できます。

ピンチする

スライドする

富山市周辺のスポット

位置情報の精度を高める

MEMO

P.92手順④の画面で、<精度を向上>をタップします。画面のように「Wi-Fiスキャン」と「Bluetoothスキャン」が有効になっていると、Wi-FiやBluetooth情報からも位置情報を取得でき、位置情報の精度が向上します。

< 精度を向上

Wi-Fiスキャン
Wi-FiがOFFになっているときでもより正確に位置情報を検出できるように、アプリでWi-Fiを使用することを許可します。

Bluetoothスキャン
BluetoothがOFFになっているときでもより正確に位置情報を検出できるように、アプリでBluetoothを使用することを許可します。

4

■ 経路検索を使う

(1) マップの利用中に＜経路＞をタップします。

(2) 移動手段（ここでは 🚶）をタップします。入力欄の下段をタップします。なお、出発地を現在地から変更したい場合は、入力欄の上段をタップして入力します。

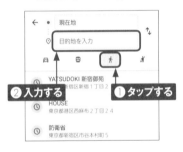

(3) 目的地を入力します。表示された候補、または🔍をタップします。

(4) 目的地までの経路が地図上に表示されます。下部の時間が表示された部分をタップします。

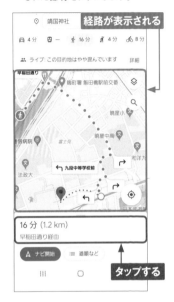

(5) 経路の一覧が表示されます。手順④の画面で＜ナビ開始＞をタップするとナビが起動します。＜ をタップすると、地図画面に戻ります。

◤◢ 目的地とその周辺を調べる

(1) マップの上部に表示されている ボックスをタップします。

(2) 目的地を入力して、🔍をタップします。

(3) 目的地が検索されて、その場所 の地図と情報が表示されます。 地域を検索した場合は周辺の情 報が表示されます。下部の目的 地の名前をタップします。

(4) 目的地の写真や更に詳しい情報 が表示されます。

(5) 手順④の画面で<レストラン>、 <コンビニ>などのスポットアイコ ンをタップすると、周辺のお店や 施設がマップ上で示され、営業 時間や混み具合も見ることができ ます。

4

◥ オフラインマップを使う

1 電波状態が悪い場所でも、オフラインマップを使えば、オンライン状態と同様に［マップ］アプリを利用できます。画面右上の名前のアイコンをタップし、＜オフラインマップ＞をタップします。

2 ＜自分の地図を選択＞をタップします。

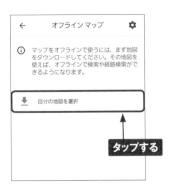

3 ダウンロードしたい場所をスワイプやピンチで選択して、＜ダウンロード＞をタップします。

4 地図がダウンロードされます。ダウンロードした地域はオフラインでも、経路検索などが利用できます。

ドコモのサービスを
使いこなす

My docomoを利用する

Application

My docomo

[My docomo] では、契約内容の確認・変更などのサービスが利用できます。利用の際には、dアカウントのパスワード（Sec.09参照）が必要です。

契約情報を確認する

(1) ホーム画面で＜My docomo＞をタップします。

タップする

(2) [アプリで開く] 画面が表示されたら、＜Google Playストア＞→＜常時＞をタップします。Google Playの画面が表示されるので、＜更新＞をタップします。[My docomo] アプリが更新されたら、＜開く＞をタップします。

My docomo - 料金・通信量の　タップする
NTT DOCOMO

アンインストール　更新

更新の内容・　→
最終更新: 2020/09/24

・アプリ内に登録されているご利用機種を変更できるようになりました
・その他軽微な修正を行いました

(3) アプリの説明が表示されたら、左にフリックしながら確認し、最後の画面で＜アプリをはじめる＞をタップします。

パスワード保存で
毎回のログイン不要

タップする

・・・・・

アプリをはじめる

(4) [アプリの利用規約] 画面で、＜同意する＞をタップします。続けて、[確認] 画面で、＜次へ＞をタップします。

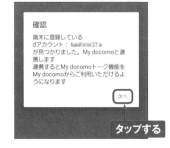

確認

端末に登録している
dアカウント :　が見つかりました。My docomoと連携します
連携するとMy docomoトーク機能をMy docomoからご利用いただけるようになります

次へ

タップする

⑤ dアカウントのパスワードを入力し、＜ログインする＞をタップします。［更新に関する注意事項］画面が表示されたら、内容を確認して、＜同意する＞をタップします。

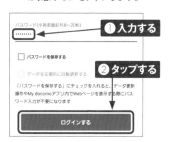
① 入力する
□ パスワードを保存する
② タップする
□ データを定期的に自動更新する
「パスワードを保存する」にチェックを入れると、データ更新操作やMy docomoアプリ内でWebページを表示する際にパスワード入力が不要になります
ログインする

⑥ ［ログイン省略設定］画面が表示されます。ここでは＜スキップ＞をタップします。

ログイン省略設定対象サイト一覧
設定状況：未設定
○ 設定する ● 設定しない
【ご注意】
・ログイン省略設定は、お客様のdアカウント単位となります
・ログイン省略設定をONにすることによってログインが省略できるのはウェブサイトであり、アプリではありま
スキップ ← タップする

⑦ ［あんしん設定］の［アプリ起動パスコードロック］画面が表示されます。ここでは、＜スキップ＞をタップします。

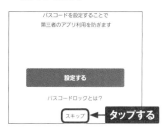
パスコードを設定することで
第三者のアプリ利用を防ぎます
設定する
パスコードロックとは？
スキップ ← タップする

⑧ ［便利設定］の［ウィジェット利用で簡単に確認］画面が表示されます。ここでは、＜利用しない＞をタップします。

ウィジェット利用で簡単に確認
ウィジェットを利用すると料金・データ量などの情報をホーム画面で確認できます
利用する
ご注意事項
利用しない ← タップする

⑨ ＜さあ、My docomoへ＞をタップします。［アプリ起動時にデータを更新しますか？］画面が表示されたら、＜更新する＞をタップします。

タップする
さあ、My docomoへ
ご注意事項

⑩ ［TOP］画面が表示され、「データ通信料」や「ご利用額」などが表示されます。

≡ メニュー　〇〇〇〇〇〇 様　お知らせ　更新
TOP　データ量　料金　dポイント
ようこそ、My docomoへ
データ通信量　＞
利用済み　　　利用可能データ量合計
2.34 GB ／ 7.00 GB
通常速度で通信中

スケジュールで
予定を管理する

Application

A21には2種類のスケジュールアプリが用意されています。このうち、
ドコモが提供する［スケジュール］アプリを利用すると、ドコモの
各種サービスと連携できます。

スケジュールを表示する

(1) アプリ一覧画面を開いて、＜スケ
ジュール＞をタップします。

すべてのアプリ　　　　　アプリ名順 ▼

タップする

(2) 初回は「機能利用の許可」の
説明が表示されます。＜OK＞を
タップします。

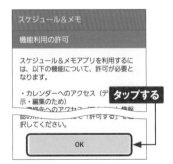

スケジュール&メモ

機能利用の許可

スケジュール&メモアプリを利用するに
は、以下の機能について、許可が必要と
なります。

・カレンダーへのアクセス（デ〔タップする〕
示・編集のため）

認　　　　　　　「許可する」を
択してください。

OK

(3) 許可や許諾を求める画面がいく
つか表示されるので、＜許可＞
＜同意する＞などをタップして進み
ます。クラウドサービスについて
の説明では、＜後で設定する＞
をタップします。

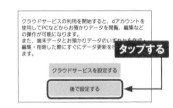

クラウドサービスの利用を開始すると、dアカウントを
使用してPCなどからお預かりデータを閲覧、編集など
の操作が可能になります。
また、端末データとお預かりデータのい　　　　作成、
編集・削除した際にすぐにデータ更新を行〔タップする〕
ます。

クラウドサービスを設定する

後で設定する

(4) ［確認］画面が表示されたら、
＜OK＞をタップすると、「スケ
ジュール」の画面が表示されま
す。左右にスクロールすると、前
月や翌月のカレンダーに切り替わ
ります。

≡ 2020年11月1日(日)

スクロールして切り替える

予定を追加する

1 P.100手順④の画面で、予定を登録したい日をロングタッチします。表示された画面で＜新規作成＞をタップします。

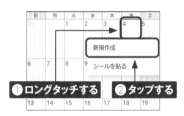

2 ［作成・編集］画面で、予定のタイトルと本文を入力します。［開始］の右端のスペースをタップします。

3 ＜午前＞または＜午後＞をタップし、予定の開始時刻をタップして設定して、＜OK＞をタップします。

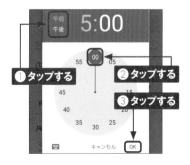

4 手順②の画面に戻ります。同様に［終了］の時刻を設定し、＜保存＞をタップします。

5 手順①の画面に戻り、予定を登録した日にはアイコンが表示されます。予定のある日をタップします。

6 予定の一覧が表示されます。予定をタップすると、詳細を確認できます。

my daizを利用する

Application

my daiz

「my daiz」は、A21に話しかけるだけで情報を調べて教えてくれたり、操作してくれたりするAIアシスタントです。

my daizを準備する

(1) ホーム画面でmy daizのキャラクターアイコンをタップします。

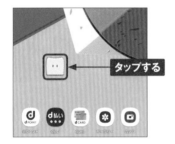

タップする

(2) 初回起動時は、許可に関する画面が表示されるので、<はじめる>→<次へ>をタップします。続いて、ファイルのアクセスや音声の録音などの許可を求める画面では<許可>をタップして進みます。

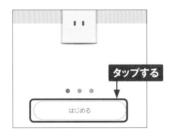

タップする

はじめる

(3) [ご利用にあたって] 画面が表示されたら、チェックを付けて、<同意する>をタップします。

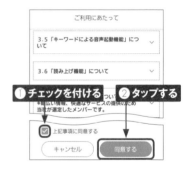

ご利用にあたって

3.5「キーワードによる音声起動機能」について

3.6「読み上げ機能」について

1 チェックを付ける　2 タップする

上記事項に同意する

キャンセル　同意する

(4) 設定が完了します。

今日の天気：現在地

データ通信量（11/05 09:16 更新）

利用済み
0.06GB

利用可能データ量合計
7.00GB

docomoへ >

マイデイズ
"my daiz"をタップして話しかけてみましょう！

はなしてアンケートに参加しませんか？

❚ my daizを利用する

① ホーム画面でmy daizのキャラクターアイコンをタップします。

② mydaizの対話画面が開きます。

③ 画面に向かって話しかけます。ここでは、「今日の天気は」と話します。

④ 現在地の天気や気温が表示されます。そのほかにも、アラームをセットしたり、現在地周辺のカフェを探したりと、いろいろなことができるので試してみましょう。

MEMO テキストを入力する

<テキストを入力>欄にテキストを入力して、キャラクターに指示することもできます。

マイマガジンで ニュースを読む

マイマガジンは、自分で選んだジャンルのニュースや情報が自動で表示されるサービスです。読んだ記事の傾向などによって、より自分好みのニュースや情報が表示されるようになります。

好みのニュースを表示する

(1) ホーム画面で📱をタップ、またはホーム画面を上方向にスワイプします。

タップする

(2) 画面左上の⚙をタップし、<表示ジャンル設定>をタップします。

← マイマガジン設定

表示ジャンル設定
新しいジャンルの表示や不要になったジャンルの非表示を行います

ジャンル並べ替え
ジャンルをお好みの順番に並べ替えできます

タップする

お知らせ一覧
マイマガジンからのお知らせが確認できます

dアカウント設定
dアカウントの確認・変更を行います

(3) 上方向にスクロールして、表示したいニュースのジャンルをタップしてチェックをオンにします←を2回タップします。

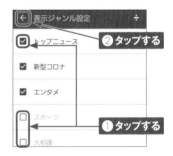

← 表示ジャンル設定

② タップする

☑ トップニュース

☑ 新型コロナ

☑ エンタメ

☐ スポーツ

① タップする

☐ 大相撲

(4) 画面を左右にフリックして、ニュースのジャンルを切り替え、読みたい記事をタップします。

⚙ マイマガジン

① フリックする

② タップする

⑤ ニュースの概要が表示されます。画面を左右にフリックします。

フリックする

⑥ 同カテゴリー（ここでは「どうぶつ」）で、別の記事を閲覧することができます。＜元記事サイトへ＞をタップします。

タップする

⑦ ［ブラウザ］で元記事のWebページが表示され、全文を読むことができます。

MEMO ニュースを共有する

気になるニュースは、メールやSMS、Twitterなどで共有することができます。共有したい記事を表示してをタップし、共有したいアプリを選択し、＜1回のみ＞もしくは＜常時＞をタップします。

ドコモのアプリを
アップデートする

Application

ドコモの各種サービスを利用するためのアプリは、設定画面からインストールしたり、アップデートしたりすることができます。ここでは、アプリをアップデートする手順を紹介します。

ドコモアプリをアップデートする

(1) 設定一覧画面で<ドコモのサービス／クラウド>をタップします。

(2) <ドコモアプリ管理>をタップします。

(3) 個別にアップデートしたい場合は、一覧からアプリ（ここでは<Disney DX>）をタップします。

(4) <アップデート>をタップすると、アップデートが行われます。

MEMO ステータスバーへの通知

ステータスバーに「アップデートがあります。」という通知が表示されたときは、通知パネルで通知をタップすると、手順③の画面が表示され、アップデートができます。

Chapter

6

便利な機能を
使ってみる

Section **40**

おサイフケータイを
設定する

Application

A21はおサイフケータイ機能を搭載しています。2020年11月現在、電子マネーの楽天Edyをはじめ、さまざまなサービスに対応しています。

おサイフケータイの初期設定を行う

① アプリ一覧画面を開いて、＜おサイフケータイ＞をタップします。

② 初回起動時はアプリの案内が表示されるので、＜次へ＞をタップします。続けて、利用規約が表示されるので、「同意する」にチェックを付け、＜次へ＞をタップします。

③ Googleアカウントの連携についての画面で＜次へ＞→＜ログインはあとで＞をタップします。

④ ICカードの残高読み取り機能についての画面、キャンペーンの配信についての画面でも＜次へ＞をタップします。

5 サービスの一覧が表示されます。ここでは、<楽天Edy>をタップします。

6 詳細が表示されるので、<サイトへ接続>をタップします。

7 [アプリで開く]画面が表示された場合は、<Google Playストア>→<常時>をタップします。

8 [Playストア]アプリの画面が表示されます。<インストール>をタップします。

9 インストールが完了したら、<開く>をタップします。

10 [楽天Edy]アプリの初期設定画面が表示されます。画面の指示に従って初期設定を行います。

6

パソコンから音楽・写真・動画を取り込む

Application

A21はUSB Type-Cケーブルでパソコンと接続して、本体メモリーやmicroSDカードにパソコンの各種データを転送ができます。お気に入りの音楽や写真、動画を取り込みましょう。

パソコンとA21を接続してデータを転送する

(1) パソコンとA21をUSB Type-Cケーブルで接続します。自動で接続設定が行われます。A21に許可画面が表示されたら、<許可>をタップします。パソコンでエクスプローラーを開き、[PC] の下にある<Galaxy A21>をクリックします。

(2) microSDカードを挿入している場合は、<Card>と<Phone>が表示されます。ここでは、本体にデータを転送するので、<Phone>をダブルクリックします。

(3) 本体に保存されているファイルが表示されます。ここでは、フォルダを作ってデータを転送します。右クリックして、<新規フォルダー>をクリックします。

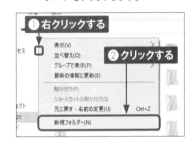

(4) フォルダが作成されるので、フォルダ名を入力します。

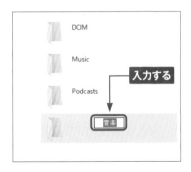

5 フォルダ名を入力したら、フォルダをダブルクリックします。

ダブルクリックする

6 転送したいデータが入っているパソコンのフォルダを開き、ドラッグ&ドロップで転送したいファイルやフォルダをコピーします。

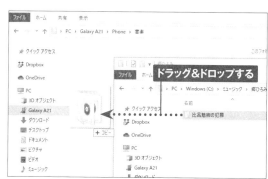

ドラッグ&ドロップする

6

7 ファイルをコピー後、A21のアプリ（写真は［You Tube Music]）を起動すると、コピーしたファイルが読み込まれて表示されます。ここでは音楽ファイルをコピーしましたが、写真や動画のファイルも同じ方法で転送できます。

MEMO YouTube Musicの対応ファイル形式

YouTube MusicでサポートされているファイルYouTube Musicでサポートされているファイル形式は、MP3やAACなどです。ファイル形式によっては、手順⑦の画面で表示されない場合もあります。

本体内の音楽を聴く

Application

A21では、音楽の再生や音楽情報の閲覧などができる「YouTube Music」を利用することができます。ここでは、本体に取り込んだ曲のファイルを再生する方法を紹介します。

本体内の音楽ファイルを再生する

1 アプリ一覧画面を開き、<YT Music>をタップします。

タップする

2 <デバイスのファイルのみ>をタップします。

ログインすると YouTube Music のプレイリスト、アルバム、アーティストの動画のストリーミングや閲覧ができます

タップする

ログイン

デバイスのファイルのみ

3 有料プランの案内が表示されます。ここでは、右上の☒をタップします。

YouTube Music

タップする

YouTube Music Premium

1 か月間無料トライアル・¥980/月

YouTube Music を広告なしで

バックグラウンドで再生

4 [好きなアーティストの選択] 画面が表示されます。任意のアーティストをタップして選択し、<完了>をタップします。

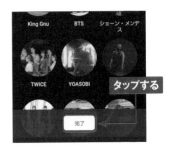

King Gnu　　BTS　　ショーン・メンデス

TWICE　　YOASOBI　　タップする

完了

6

5 Youtube Musicのホーム画面が表示されます。<ライブラリ>をタップします。

6 <アルバム>をタップし、権限の許可画面が表示されたら<許可>をタップします。<デバイスのファイル>をタップし、聞きたいアルバムをタップします。

7 聴きたい曲をタップすると再生されます。<再生>をタップすると、アルバムの最初の曲から順番に再生されます。

8 曲の操作画面が表示されます。

MEMO 他のアプリを利用中に操作する

他のアプリを利用中でも、通知パネルから音楽の再生や停止操作を行うことができます。

6

113

写真や動画を撮影する

A21には、高性能なカメラが搭載されています。さまざまなシーンで自動で最適な写真や動画が撮れるほか、モードや、設定を変更することで、自分好みの撮影ができます。

写真や動画を撮る

(1) ホーム画面で■をタップするか、電源キーを素早く2回押します。位置情報についての確認画面が表示されます。また、microSDカードを利用しているときは、保存場所の確認画面が表示されます。

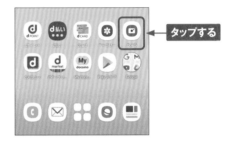

(2) 写真を撮るときは、カメラが起動したらピントを合わせたい場所をタップして、○をタップすると、写真が撮影できます。また、USB端子側にドラッグすると、連続撮影ができます。

(3) 撮影した後、プレビュー縮小表示をタップすると、撮った写真を確認することができます。画面を左右(横向き時。縦向き時は上下)にスワイプすると、リアカメラとフロントカメラを切り替えることができます。

④ 動画を撮影したい ときは、画面を下 方向（横向き時。 縦向き時は左）に スワイプするか、 ＜動画＞をタップし ます。

⑤ 動画撮影モードに なります。動画撮 影を開始する場合 は、・をタップしま す。

⑥ 動画の撮影が始ま り、撮影時間が画 面下部に表示され ます。また、オート フォーカス時は、 画面をタップする と、ピントの位置を 移動することができ ます。撮影を終了 するときは、■をタッ プします。

⑦ ［ギャラリー］アプ リなどで、動画を 表示すると、画面 下部に＜動画を再 生＞と表示されま す。タップすると、 動画が再生されま す。

撮影画面の見かた

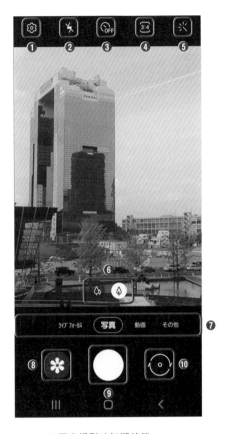

※写真撮影時初期状態

❶	設定	❻	ズーム切り替え（P.117参照）
❷	フラッシュ設定	❼	カメラモードの切り替え
❸	タイマー設定	❽	プレビュー縮小表示
❹	縦横比設定	❾	シャッターボタン
❺	カメラエフェクト（P.122参照）	❿	フロントカメラ／リアカメラの切り替え

リアカメラを切り替えて撮影する

(1) カメラを起動する
と、標準ではリアカ
メラの広角レンズが
選択されています。
■をタップします。

(2) ズームレンズに切
り替わり拡大しま
す。

(3) 画面をピンチアウト
すると、デジタル
ズームで拡大しま
す。

(4) 右側に表示された
目盛りをドラッグした
り、倍率の数字を
タップして、デジタ
ルズームの度合い
を変更することもで
きます。

▲▼ 明るさやピントを調整する

① 通常の「写真」モードではピントと露出は自動ですが、明るさ調整やAE/AFロックを利用することができます。明るさを変更するには、ピントを合わせたい部分をタップします。

② 画面右側に明るさ調整のスライダーが表示されます。ドラッグすると、明るさが変わります。

③ AE/AFロックを利用する場合は、明るさとピントを固定したい箇所をロングタッチします。

④ AE/AFロックが表示され、明るさとピントが固定されます。

Application

さまざまな機能を使って撮影する

A21では、さまざまな撮影機能を利用することができます。上手に写真を撮るための機能や、変わった写真を撮る機能があるので、いろいろ試してみましょう。

背景をボカした写真を撮影する

6

(1) A21では、背景をボカした写真を簡単に撮ることができます。モードを「ライブフォーカス」に設定し、被写体に向けます。

(2) スライダーをドラッグして、ボカしの度合いを変更します。「準備完了」と表示されていれば、背景をボカした写真を撮ることができます。

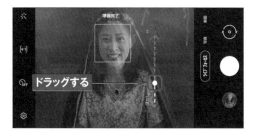

(3) ライブフォーカスで撮った写真は、撮影後に[ギャラリー]アプリでボカしの度合いを変更することもできます。＜バックグラウンドエフェクトを変更＞をタップします。

◤ 食べ物をきれいに撮影する

① カメラを起動して、<その他>をタップします。

② <食事>をタップすると、自動的に食べ物に最適化された色味になります。

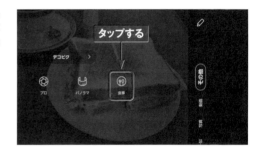

③ 表示されたフォーカスエリアにピントが合って、周りにはボカしがかかります。フォーカスエリアをドラッグして食べ物に合わせます。

④ 🌀をタップすると、好みの色味に変更することができます。

パノラマ写真を撮影する

1. カメラを起動して、<その他>→<パノラマ>をタップします。

2. 画面にガイドが表示されます。シャッターボタンをタップして、パノラマ撮影を始めます。

3. ガイドに合わせて、左右どちらかの方向にゆっくり振ります。再びシャッターボタンを押して終了します。

4. 景色がひと目で見渡せる横長の写真が完成します。

フィルターを適用して撮る

1 カメラを起動して 🔆 をタップします。

2 画面下に表示されたフィルターのアイコンをタップすると、被写体にフィルターが適用された状態で表示されます。フィルターを選んで撮影します。

3 手順②の画面で、フィルターアイコンの右端にある ↓ をタップすると、有料または無料のフィルターをダウンロードして追加することができます。

4 手順②の画面で＜フェイス＞をタップすると、ポートレートを撮影する際に、下顎の輪郭を細くしたり、目を大きくしたりする効果を適用することができます。

Application

写真や動画を見る

写真や動画は［ギャラリー］アプリを使って、見たり再生したりします。また［ギャラリー］アプリで、写真の情報や撮影場所を確認したり、写真に写っているものの情報をBixy Visionで検索することができます。

⚑ 写真を見る

1 ホーム画面で、＜ギャラリー＞をタップします。

タップする

2 本体内の写真やビデオが一覧表示されます。＜アルバム＞をタップすると、フォルダごとに見ることができます。見たい写真をタップします。

11月16日　　　　大阪市 ◉

タップする

11月15日

3 写真が表示されます。ピンチやダブルタップで拡大縮小をすることができます。画面を左右にスワイプします。

スワイプする

4 アルバム内の次の写真が表示されます。

6

▶ 動画を再生する

① P.122手順②の画面を表示して、見たいビデオをタップします。動画のサムネイルには、下部に再生マークと時間が表示されています。

タップする

② ビデオが再生されます。画面下部の<動画を再生>をタップします。

タップする

③ 画面が[ギャラリー]から[動画プレーヤー]に変わります。画面をタップします。

タップする

④ 操作パネルが表示されます。[ギャラリー]に戻るには、◀を2回タップします。

タップする

写真の情報を表示する

(1) P.122を参考に、[ギャラリー] アプリで写真を表示して、上方向にスワイプします。

スワイプする

(2) 写真の情報が表示されます。<編集>をタップします。

< 詳細　　　　　　　編集

タップする

2020年11月16日 午後0:24

20201116_122439.jpg
/内部ストレージ/DCIM/Camera
3.81 MB　4128x3096

日本、〒531-0075 大阪府大阪市北区大淀南1丁目5

Samsung SC-42A
F1.9　1/1795 s　3.60mm　ISO 40
ホワイトバランス 自動　フラッシュ OFF

(3) 「ファイル名」や「タグ」を編集することができます。編集が終わったら、<保存>をタップします。

< 詳細

編集できる箇所

2020年11月16日 午後0:24

20201116_122439.jpg
/内部ストレージ/DCIM/Camera
3.81 MB　4128x3096

日本、〒531-0075 大阪府大阪市北区大淀南1丁目5

タグ
タグがありません ⊕

タップする　　セル　　保存

MEMO　位置情報を付加する

手順②の位置情報を撮影した写真に付加するには、事前にP.116①の⚙をタップして、<位置情報タグ>をオンにしておきます。

位置情報タグ
撮影場所を確認できるように写真や動画にタグを追加します。

撮影方法
音量キーの機能、フローティングシャッターボタン、写真を撮影する方法を設定します。

設定を保持
カメラを前回と同じモードとフィルターで起動するかどうかを選択します。

透かし
写真の左下に透かしを追加します。

写真や動画を編集する

Application

[ギャラリー] アプリは、写真や動画を見るだけでなく、編集することもできます。写真の場合はトリミングやフィルターの適用などを、動画の場合はトリミングで不要な部分のカットを行うことができます。

写真を編集する

1 [ギャラリー] アプリで編集したい写真を表示し、✐をタップします。

2 最初はトリミングの画面が表示されます。写真の四隅のハンドルをドラッグして、トリミングすることができます。

3 右上の<保存>をタップすると、編集後の新しい画像として保存されます。

(4) 🔄をタップすると、写真の回転、反転、変形などを行うことができます。

(5) 🔷をタップすると、様々なフィルターを適用することができます。

(6) ◎をタップすると、明るさ、露出、コントラスト、彩度などを変更することができます。

(7) 🖊をタップすると、写真に文字や絵を手書きすることができます。

動画をトリミングする

(1) P.124を参考に［ギャラリー］アプリで編集したい動画を表示し、✐をタップします。

(2) 下部に表示されたコマの左右にあるハンドルをドラッグして、トリミング範囲を設定します。

(3) <保存>をタップします。

(4) トリミングした動画が元の動画とは別の、新しい動画として保存されます。

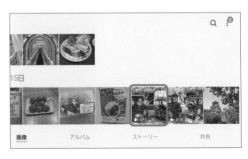

独自機能を
使いこなす

Section **47**

Galaxyアカウントを設定する

Application

この章で紹介する機能の多くは、利用する際にGalaxyアカウントをA21に登録しておく必要があります。ここでは設定一覧画面からの登録手順を紹介します。

Galaxyアカウントを登録する

(1) P.25手順⑤の画面を表示して、<Galaxyアカウント>をタップします。

(2) ここでは新規にアカウントを作成します。<アカウントを作成>をタップします。既にアカウントを持っている場合は、アカウントのメールアドレスとパスワードを入力して、<サインイン>をタップします。

MEMO Galaxyアカウントの役割

Galaxyアカウントは、この章で紹介するGalaxy固有のサービスを利用するために必要です。また、アカウントを登録することで、「Galaxy Store」でアプリやテーマをダウンロードしたり、アプリのデータや設定をGalaxyクラウドにバックアップすることができます。

130

3 [法定情報] 画面が表示されるので、各項目を確認してタップし、<同意する>をタップします。

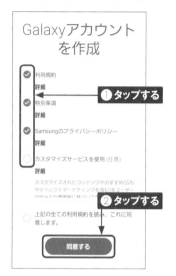

4 [アカウントを作成] 画面が表示されるので、アカウントに登録するメールアドレスとパスワード、名前を入力し、生年月日を設定して、<アカウントを作成>をタップします。

5 電話番号の認証が行われるので、<OK>をタップします。

6 アカウント情報が表示されたら、設定完了です。

7

メモを利用する

Application

[Galaxy Notes] アプリは、テキスト、手描き、写真などが混在したノートを作成できるメモアプリです。そのため、メモとしてはもちろん、日記のような使い方もできます。

Galaxy Notesを利用する

(1) アプリ一覧画面で＜Galaxy Notes＞をタップして起動します。新規にノートを作成する場合は、⊕をタップします。

(2) 新規作成画面が表示されます。標準ではキーボードから入力する「テキスト」モードが選択されています。ここでは、＜タイトル＞をタップして、キーボードから入力します。

(3) ＜メモ＞をタップして「メモ」欄を選択して、✍をタップします。

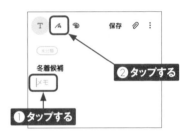

(4) 「ペン」入力モードになるので、指で文字などを書きます。∅→＜画像＞をタップします。

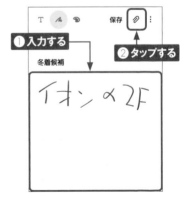

⑤ 標準では本体内の写真が表示される<ギャラリー>が選択されています。読み込みたい写真をタップします。<カメラ>をタップするとその場で撮影でき、<その他>をタップすると、クラウドの写真を利用できます。

タップする

⑥ 写真が読み込まれます。ドラッグして位置を調整し、<保存>をタップします。

① ドラッグする
② タップする

⑦ ノートが保存されます。画面をタップするか、🖉をタップすると手順⑥の画面が表示され、編集することができます。くをタップします。

タップする

⑧ P.132手順①のノート一覧画面に戻ります。ノートをタップすると、そのノートが表示されます。

7

MEMO ノートをバックアップする

Galaxyアカウント(Sec.47参照)を登録していれば、ノートをGalaxyクラウドにバックアップすることができます。バックアップするには、手順⑧の画面で☰をタップして、✿→<Galaxyクラウドと同期>をタップして設定します。

Application

エッジパネルを利用する

エッジパネルは、どんな画面からもすぐに目的の操作を行うための
ランチャーです。よく使うアプリを表示したり、ほかの機能のエッジ
パネルを追加したりすることもできます。

エッジパネルを操作する

(1) エッジパネルハンドルを画面の中
央に向かってスワイプします。

スワイプする

(2) [アプリ] パネルが表示されます。
複数のエッジパネルを使用してい
る場合は、画面を左右にスワイプ
すると、パネルが切り替わります。
パネル以外の部分をタップしま
す。パネルの表示が消えて、元
の画面に戻ります。

タップする

MEMO エッジパネルハンドル の場所を移動する

標準ではエッジパネルハンドルは、画面の右側面上部あたりに表示されていま
すが、ロングタッチしてドラッグすることで、上下や左側面に移動することがで
きます。また、P.139手順②の画面で、┊→<ハンドル設定>をタップすると、
色の変更などもできます。

◤ そのほかのエッジパネル

エッジパネルは、エッジパネルハンドルが表示されている画面では、いつでも利用することができます。標準では［アプリ］パネルしか表示されませんが、ほかにもすぐに利用できるパネルがあります。また、Galaxy Storeでは、無料、有料のパネルが多数提供されており、追加することができます（P.139参照）。あらかじめ用意されているものの中からいくつかお勧めを紹介します。

●アプリ　　　●スマート選択　　　●ツール

アプリのアイコンをタップすることで、起動することができます。フォルダや分割表示するアプリセットを登録することもできます。	画面の領域を選択し、画像として切り取ったり、動画であればGIFアニメーションを作成することができます。	各種ツールを利用することができます。初期状態では「カウンター」が選択されていますが、画面の左のツール名をタップすることで、表示するツールを切り替えることができます。

7

アプリパネルをカスタマイズする

① ［アプリ］パネルを表示して、 を
タップします。

② ［編集］画面で、追加したいアプ
リをロングタッチします。

③ 追加したい場所にドラッグして指
を離すと、アプリが追加されます。

④ フォルダを作成する場合は、フォ
ルダに入れたいアプリを、同じフォ
ルダに入れたいアプリへドラッグし
て指を離します。

(5) フォルダ画面が表示されます。
<フォルダ名>をタップすると、
フォルダに名前を付けることができ
ます。くをタップします。

フォルダ名

入力する

(6) フォルダが作成されます。

アプリ
4件追加済み

全て ▼

ギャラリー ダイヤル データコ
　　　　　　　　 ピー

フォルダが作成される

データ保管 ドコモメー ドコモ電話
BOX 　　ル　　 帳

ドライブ はなして翻 ファイン
　　　　　 訳　　 ダー　　 YouTube

フォト ブラウザ ボイスレ
　　　　　　　　 コーダー　 Chrome

マイファイ マイマガジ マクドナル
ル　　　 ン　　 ド　　　 グーグル

マップ　 メモ　 メモ

(7) くをタップすると、[アプリ] パネ
ルの画面に戻ります。

設定

カレンダー

YouTube

Chrome

タップする

Ⅲ　　○　　く

(8) アプリやフォルダを削除するとき
は、手順②の画面でアイコンの
ーをタップします。

アプリ
4件追加済み

全て ▼

ギャラリー ダイヤル データコ
　　　　　　　　 ピー

データ保管 ドコモメー ドコモ電話
BOX 　　ル　　 帳

ドライブ はなして翻 ファイン
　　　　　 訳　　 ダー　　 YouTube

フォト ブラウザ ボイスレ
　　　　　　　　 コーダー　 Chrome

マイファイ マイマガジ マクドナル
ル　　　 ン　　 ド　　　 グーグル

マップ　 メモ　 メモ

タップする

7

137

アプリペアを作成する

① [アプリ] パネルに「アプリペア」を登録すると、1タップで2つのアプリを分割画面（Sec.55参照）で表示することができます。

② Sec.55を参考に2つのアプリを分割表示します。■をタップし、⊞をタップします。

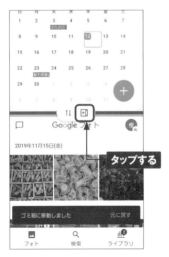

タップする

③ アプリパネルに、アプリペアのアイコンが追加されます。

④ 追加されたアプリペアのアイコンをタップすると、2つのアプリが分割画面で表示されます。

▌ パネルを追加する／削除する

1 エッジパネルを表示して、⚙をタップします。

タップする

2 ✅をタップしてパネルの表示／非表示を切り替えられます。画面を左方向にスワイプします。

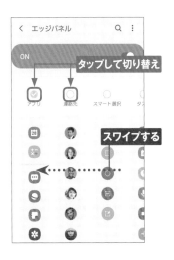

< エッジパネル　　　Q　⋮

ON

タップして切り替え

アプリ　連絡先　スマート選択　ダ

スワイプする

3 その他にインストールされているエッジパネルが表示されます。

天気予報　　ツール　　リマインダー　クリップ
ド

○
東京

23°
25°/29°
午後降水20%
湿り

○
South Korea

Galaxy Store

4 手順③の画面で<Galaxy Store>をタップすると、標準以外のパネルをダウンロードして追加することができます。

< エッジパネル　　　　　　Q

人気　人気(有料)　人気(無料)　新着

エッジスクリーンがONのときに表示されるアプリです。

Calendar Panel　　Calculator Panel

Sally Soft　　　　　Sally Soft

無料　　　　　　　　無料

↓　　　　　　　　　↓

　　　　　　　　　　　　　　235

August　　　　　　+650+375

1 2 3 4 5 6　　　+333-333
7 8 9 10 11 12 13
14 15 16 17 18 19 20　+333-333
21 22 23 24 25 26 27
28 29 30 31　　　　+333-333

September　　　　　+333-333
s m t w t f s
　　　　1 2 3　　　　　1,260
4 5 6 7 8 9 10
11 12 13 14 15 16 17

7

画面ロックを顔認証で解除する

A21は、画面ロックの解除にいろいろなセキュリティロックを設定することができます。自分が利用しやすく、ほかの人に解除されないようなセキュリティロックを設定しておきましょう。

セキュリティの種類と動作

A21の画面ロックと画面ロックのセキュリティには以下の種類があります。セキュリティ A のみでも設定可能ですが、セキュリティ Bと組み合わせることで、利用しやすくなります。セキュリティ Bを使うには、セキュリティ Aのいずれかが必要です。セキュリティなしとセキュリティ Aは、＜設定＞→＜ロック画面＞→＜画面ロックの種類＞で設定できます。

セキュリティなし

●なし	●スワイプ
画面ロックの解除なし。	ロック画面をスワイプして解除。

セキュリティ A　いずれか1つを選択。ロック画面をスワイプして入力

●パターン	●パスワード	●PIN
特定のスワイプパターンで解除。	最低1文字以上の英字を含めて4文字以上の英数字で解除。	4桁以上の数字で解除。

セキュリティ B　セキュリティ Aに加えて設定可能

●顔認証
A21の前面に顔をかざしてロック解除。

顔認証機能を設定する

(1) アプリ一覧画面で＜設定＞をタップし、＜生体認証とセキュリティ＞をタップします。

設定	Q 😀

🛡 **生体認証とセキュリティ**
顔認証、端末リモート追跡、セキュリティフォルダ

タップする

🔒 **プライバシー**
権限の管理

📍 **位置情報**
位置情報設定、位置情報要求

🔑 **アカウントとバックアップ**
Galaxyクラウド、Smart Switch

⚙ **ドコモのサービス/クラウド**
dアカウント設定、ドコモクラウド

G **Google**
Google設定

🔧 **便利な機能**
モーションとジェスチャー、片手モード

(2) ＜顔認証＞をタップします。

< 生体認証とセキュリティ　　　Q

顔認証
顔を登録してください。

生体認証の詳細設定

タップする

セキュリティ

Google Play プロテクト
前回のアプリのスキャン: 午前7:09

セキュリティ アップデート
2020年9月1日

Google Play システム アップデート
2020年10月1日

端末リモート追跡 ⬤
[リモートロック解除]なしでON

セキュリティフォルダ
個人のファイルやアプリを安全に保護します。

(3) ＜続行＞をタップします。

顔認証

端末のロック解除やアプリでのユーザー認証が簡単にできます。顔データは、Knoxによって保護されます。

顔認証の詳細情報 ∨

タップする

続行

Secured by
Knox

(4) 顔認証では、画面のいずれかのロックを設定する必要があります。ここでは、＜PIN＞をタップします。

< 安全な画面ロックを設定

顔を登録する前に、安全な画面ロック(パターン、PIN、またはパスワード)を設定する必要があります。

設定したロック方法を忘れないようにしてください。端末を再起動した後、あるいは端末が安全な状態か確認が必要な場合、端末のロックを解除する際に必要になります。

パターン
セキュリティレベル:中

PIN
セキュリティレベル:中～高

パスワード
セキュリティレベル:高

タップする

⑤ 4桁以上の数字を入力して、<続行>をタップします。次の画面で、再度同じ数字を入力し、<OK>をタップします。

設定したPINを忘れた場合、端末を初期化しなければならなくなり、全てのデータが削除されてしまいます。

登録を完了するには[続行]をタップしてください。

❶入力する

○ OKのタップなしでPINを認証

キャンセル		続行

❷タップする

1	2 ABC	3 DEF
4 GHI	5 JKL	6 MNO
7 PQRS	8 TUV	9 WXYZ
⊗	0	完了

⑥ メガネをかけているかどうか指定して<続行>をタップします。A21をかざして顔をスキャンします。

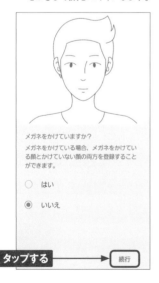

メガネをかけていますか？
メガネをかけている場合、メガネをかけている顔とかけていない顔の両方を登録することができます。

○ はい

● いいえ

タップする → 続行

⑦ [ロック画面を維持]をタップしてオンにすると、ロック解除の後に画面をスワイプせずに、ロック前の画面が表示されるようになります。<完了>をタップします。

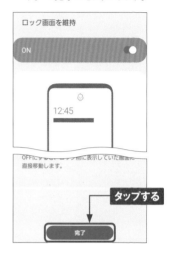

ロック画面を維持

ON

○
12:45

OFFにすると、ロック前に表示していた画面に直接移動します。

タップする

完了

⑧ 顔データが設定されました。

< 生体認証とセキュリティ   Q

顔認証
顔が登録されています。

生体認証の詳細設定

セキュリティ

Google Play プロテクト
前回のアプリのスキャン: 午前11:55

セキュリティ アップデート
2020年9月1日

Google Play システム アップデート
2020年10月1日

端末リモート追跡
端末を紛失した場合でもロック解除方法を忘れた場合でも、端末の位置確認や遠隔操作を行うことができます。

セキュリティフォルダ
個人のファイルやアプリを安全に保護します。

7

顔認証機能を利用する

(1) 顔認証のロック解除は、A21を顔にかざすと行われます。P.142手順⑦で［ロック画面を維持］をオフにした場合は、ロック解除の後に画面をスワイプする必要があります。

スワイプする

(2) ロック前の画面が表示されます。

MEMO 登録した顔データを削除する

登録した顔データを削除するには、P.141手順①～②の操作をします。P.141手順④で設定したロック方法で解除すると、手順⑧の画面が表示されるので、＜顔認証＞→＜顔データを削除＞→＜削除＞の順にタップします。

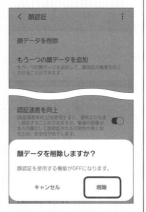

7

143

画面をキャプチャする

Application

表示している画面をキャプチャするには、音量キーの下側と電源キーを同時に押します。キャプチャした画像は、A21内の「DCIM」－「Screenshots」フォルダに保存されます。

📐 画面のキャプチャ方法

● 本体キーを利用する

押す

キャプチャしたい画面を表示した状態で、音量キーの下側と電源キーを同時に押します。画面の下に、短い間、メニューが表示されます。

● キャプチャした画像を確認する

キャプチャした画面の画像は、「DCIM」－「ScreenShots」フォルダに保存されます。また、カメラで撮影した写真と同様に［ギャラリー］アプリで見ることができます。

◥◣ キャプチャした画面を編集する

(1) 画面をキャプチャすると、下部に
メニューが表示されます。メニュー
はすぐに消えてしまいます。

(2) 手順①で、メニューの🖊をタップ
すると、ペンや色を選んで指で書
き込みをすることができます。

(3) 編集した画面は、↓をタップすると、
「DCIM」ー「Screenshots」フォ
ルダに保存されます。

タップする

MEMO 長いWebページを
キャプチャする

メニューが表示されている間に
🖼をタップすると、画面がスク
ロールして長いWebページなど
もキャプチャすることができま
す。

タップする

7

セキュリティフォルダを利用する

Application

A21には、他人に見られたくないデータやアプリを隠すことができる、セキュリティフォルダ機能があります。なお、利用にはGalaxyアカウント（Sec.47参照）が必要です。

セキュリティフォルダの利用を開始する

1 <設定>→<生体認証とセキュリティ>→<セキュリティフォルダ>をタップします。次の画面で<同意する>をタップします。

< 生体認証とセキュリティ   Q

端末リモート追跡
[リモートロック解除なしでON]

セキュリティフォルダ
個人のファイルやアプリを安全に保護します。

不明なアプリをインストール   **タップする**

外部SDカードを暗号化または復号
外部SDカードなし

2 セキュリティフォルダ利用にはGalaxyアカウントが必要です。パスワードを入力します。

Galaxyアカウント

続行するには、まずユーザー認証を行ってください。

kashimr21@gmail.com

パスワード   👁

パスワードをリセット
Eメールで1回限りの認証   **入力する**

キャンセル   OK

3 セキュリティフォルダ用のセキュリティを選んで（画面ではPIN）、操作を進めると、セキュリティフォルダ画面が表示されます。

セキュリティフォルダのロックの種類

アプリやプライベートなファイルを保護するにはロックの種類を選択してください。

○ パターン

◉ PIN

○ パスワード

MEMO セキュリティフォルダのロック解除

セキュリティフォルダのロック解除は、ロック画面の解除に利用する画面ロックの種類とは別の種類を設定できます。また、たとえば両方で同じPINで解除する方法を選んでも、それぞれ別の数字を設定することができます。

セキュリティフォルダにデータ移動する

(1) P.146手順③の後、もしくはアプリ一覧画面で<セキュリティフォルダ>をタップします。ロック解除後にこの画面が表示されます。<ファイルを追加>をタップします。

タップする

(2) 追加したいファイルの種類（ここでは<画像>）をタップします。

タップする

(3) 画像の場合は<ギャラリー>が起動するので、セキュリティフォルダに移動したい画像をタップして選択します。<完了>をタップします。

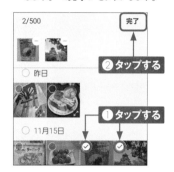

② タップする

① タップする

(4) <移動>または<コピー>をタップします。<移動>をタップすると、セキュリティフォルダ内のアプリからしか見ることができなくなります。

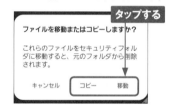

タップする

MEMO セキュリティフォルダ内のデータを戻す

セキュリティフォルダに移動したデータを戻すには、たとえば画像であれば、P.148手順③の画面で、画像をロングタッチして選択します。：をタップして<セキュリティフォルダから移動>をタップします。ほかのデータも、同じ方法で戻すことができます。

7

移動したデータを確認する

1 アプリ一覧画面で＜セキュリティフォルダ＞をタップし、ロックを解除します。

2 ＜ギャラリー＞をタップします。

3 セキュリティフォルダに移動した画像が表示されます。

4 アプリ一覧画面から［ギャラリー］アプリを起動すると、セキュリティフォルダに移動した画像は表示されません。

▌▌ セキュリティフォルダにアプリを追加する

(1) セキュリティフォルダにアプリを追加するには、P.147手順①の画面で、<アプリを追加>をタップします。

タップする

(2) 追加したいアプリをタップして選択し、<追加>をタップします。

❶ タップする

❷ タップする

(3) アプリが追加されました。セキュリティフォルダからアプリを削除したい場合は、アプリをロングタッチして、<アンインストール>をタップします。なお、最初から表示されているアプリは削除できません。

MEMO 複数アカウントで使用する

セキュリティフォルダに追加されたアプリは、通常のアプリとは別のアプリとして動作するので、別のアカウントを登録することができます。また、メッセージ系のアプリは、[設定]の<便利な機能>→<デュアルメッセンジャー>で、同時に複数利用することができます。そのため、アプリによっては、同時に3つの別のアカウントを使い分けることが可能です。ただし、登録に電話番号が必要なアプリは、別のSIMを用意して入れ替えるなどの必要があるため、同時利用はあまり現実的ではありません。

7

セキュリティフォルダを非表示にする

(1) アプリ一覧画面に表示されている
セキュリティフォルダのアイコン
は、非表示にできます。ステータ
スバーを下方向にスライドして、ク
イック設定ボタンを表示し、━━━
を下方向にドラッグします。

スワイプする

(2) ほかのクイック設定ボタンが表示
されます。

(3) <セキュリティフォルダ>をタップ
すると、アプリ一覧画面のセキュ
リティフォルダアイコンの非表示と
表示を切り替えることができます。

タップする

MEMO セキュリティフォルダ内のアプリ も[履歴]画面に表示される

セキュリティフォルダ内のアプリ
も、[履歴]画面に表示されます。
セキュリティフォルダ内のアプリ
は、アプリアイコンにセキュリティ
フォルダのマークが表示されま
す。人に見られたくないアプリ
を使用した場合は、[履歴]画面
でアプリのサムネイルを上方向
にフリックして、[履歴]画面から
削除しておきましょう。

Galaxy A21を
使いこなす

ホーム画面を
カスタマイズする

ホーム画面には、アプリアイコンを配置したり、フォルダを作成してアプリアイコンをまとめることができます。また、壁紙やテーマを変更することができます。

Application

ホーム画面にアプリアイコンを配置する

(1) ホーム画面の田をタップして、アプリ一覧画面を開きます。ホーム画面に配置するアプリアイコンをロングタッチして、メニューの<ホーム画面に追加>をタップします。

(2) ホーム画面にアプリアイコンが追加されます。

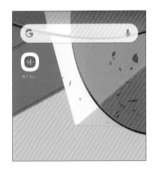

(3) ホーム画面でアプリアイコンの場所を変えるときは、アイコンをロングタッチして、そのままドラッグします。

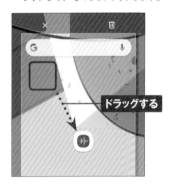

(4) 指を離した場所にアイコンが移動します。

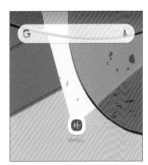

▎ フォルダを作成する

(1) ホーム画面でフォルダに入れたいアイコンをロングタッチして、そのままほかのアイコンにドラッグして重ねます。

ロングタッチして
ドラッグする

(2) 「フォルダの作成」画面で<作成する>をタップします。

タップする

フォルダの作成

フォルダを作成しますか?

キャンセル　　作成する

(3) フォルダが作成されます。フォルダをタップします。

タップする

(4) フォルダが開きます。フォルダ名をタップして名前をつけ直すことができます。

タップする

フォルダ

MEMO　ロングタッチメニューを利用する

アイコンをロングタッチすると、メニューが表示されます。メニューからアプリを操作したり、情報を見たりすることができます。

新規タブ

新規シークレット...

Web検索

ブックマークを表示

8

▲ ホームの壁紙を好みの画像に変更する

① 設定一覧画面を開いて、<壁紙>をタップします。

② [壁紙] 画面が表示され、現在設定中の壁紙が確認できます。<マイ壁紙>をタップします。<ギャラリー>をタップすると、A21のカメラで撮影した写真を選択できます。

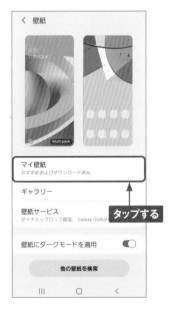

③ 設定したい壁紙をタップします。

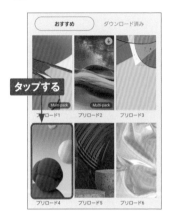

④ <ホーム画面>、<ロック画面>、<ホーム画面とロック画面>のいずれかを選んでタップします。

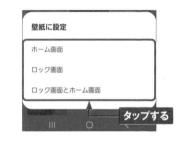

⑤ プレビューが表示されます。<ホーム画面に設定>をタップすると、壁紙が変更されます。

⚓ 動画をロック画面の壁紙にする

(1) ［ギャラリー］アプリでロック画面の壁紙にしたい動画を開きます（Sec.45参照）。右上の⋮をタップし、＜壁紙に設定＞をタップします。

(2) 15秒以上の動画は15秒以内にする必要があります。＜✂＞→＜許可＞をタップします。15秒以下の場合は、手順④の画面が表示されます。

(3) 下部のハンドルをドラッグして範囲を指定し、＜完了＞をタップします。

(4) ＜ロック画面に設定＞をタップします。ロック画面を表示すると動画が再生されます。

▲ テーマを変更する

(1) 設定一覧画面を開いて、<テーマ>をタップします。

(2) [Galaxy Themes] が表示され、「おすすめ」のテーマが表示されます。上方向にスワイプすると、他のテーマを見ることができます。

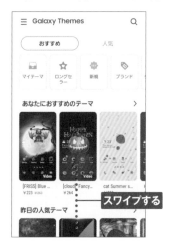

(3) <人気>をタップします。

(4) ここでは、<全て>をタップし、<無料>をタップします。

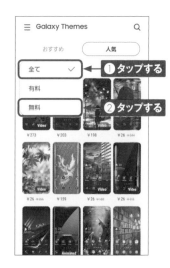

5 利用したいテーマをタップします。なお、テーマの利用にはGalaxyアカウント（Sec.47参照）が必要です。

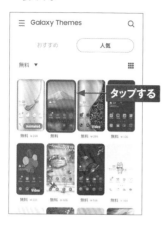

6 テーマを確認して、＜無料＞または＜ダウンロード＞をタップします。

7 ダウンロードが終了したら、＜適用＞をタップします。

8 テーマが変更されました。

MEMO テーマを元に戻す

テーマを元に戻すには、P.154 手順②の画面で ≡ をタップして＜マイコンテンツ＞をタップします。[マイコンテンツ]画面で＜標準＞をタップします。

8

Application

ウィジェットを利用する

A21のホーム画面にはウィジェットを配置できます。ウィジェットを使うことで、情報の閲覧やアプリへのアクセスをホーム画面上から簡単に行えます。

ウィジェットとは

ウィジェットとは、ホーム画面で動作する簡易的なアプリのことです。情報を表示したり、タップすることでアプリにアクセスしたりすることができます。標準で多数のウィジェットがあり、Google Playでアプリをダウンロードするとさらに多くのウィジェットが利用できます。これらを組み合わせることで、自分好みのホーム画面の作成が可能です。ウィジェットの移動や削除は、P.157のロングタッチメニューと同じ操作で行えます。なお、ここではdocomo LIVE UXでのウィジェットの操作手順を解説し知恵ます。

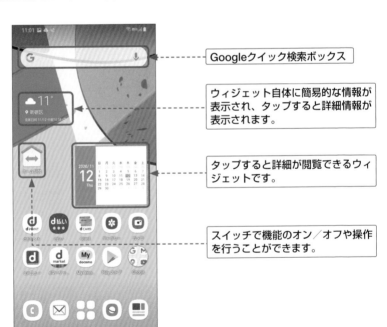

Googleクイック検索ボックス

ウィジェット自体に簡易的な情報が表示され、タップすると詳細情報が表示されます。

タップすると詳細が閲覧できるウィジェットです。

スイッチで機能のオン／オフや操作を行うことができます。

ウィジェットを追加する

1 ホーム画面の何もないところをロングタッチして、<ウィジェット>をタップします。

① ロングタッチする

- 壁紙
- ウィジェット
- ホーム設定

② タップする

2 画面を上下にスワイプして追加したいウィジェットを探し、ウィジェットをロングタッチします。

- 設定
  - ホーム切替　1x1

① スワイプする

- 天気予報
  - 天気予報　4x2　　天気予報　4x6

② ロングタッチする

- 連絡先
  - スピードダイ... 1x1

3 事前に設定やアクセスの許可が必要なウィジェットもあります。

現在地情報を使用

現在地の天気を確認する際、お客様の現在の位置情報が気象サービスプロバイダに送信されます。（気象サービスプロバイダの<u>プライバシーポリシー</u>をご覧ください。）お客様の端末上のその他のアプリやサービスは、取得した天気データにアクセスして、それらのアプリ上で天気を表示する場合があります。お客様に継続して天気情報をお届けするために、アプリを使用していないときでも天気はお客様の位置情報にアクセスします。

キャンセル　　　　OK

4 ホーム画面にウィジェットが追加されます。ウィジェットをロングタッチしてそのままドラッグすると好きな場所に移動する事ができます。

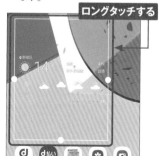

ドラッグする

5 ウィジェットの中にはロングタッチして、大きさを変更できるものもあります。

ロングタッチする

Application

アプリを分割表示する

A21では、1画面に2つのアプリを分割表示したり、アプリ上に他のアプリをポップアップ表示したりすることができます。なお、一部のアプリはこの機能に対応していません。

分割画面を表示する

(1) いずれかの画面で、履歴ボタンをタップします。

タップする

(2) 履歴一覧が表示されるので、分割画面の上部に表示したいアプリのアイコン部分をタップします。

タップする

(3) <分割画面表示で起動>をタップします。

タップする

アプリ情報

分割画面表示で起動

ポップアップ表示で起動

アプリの縦横比を変更

このアプリをロック

(4) 分割画面の下部に表示したいアプリを、履歴一覧から選択してタップします。

タップする

(5) 上下に選択したアプリが表示されます。各表示範囲をタップすると、そのアプリを操作できます。境界線をドラッグします。

ドラッグする

(6) 表示範囲が変わりました。下部のアプリをタップして、〈 を何度かタップします。

① タップする　② タップする

(7) 下部のアプリが終了します。⊗をタップすると、分割画面が終了します。なお、手順⑥で上部のアプリを選択すると、上部のアプリ終了後、下部のアプリが全画面表示になります。

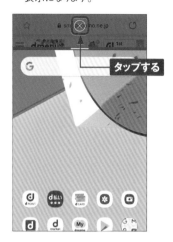

タップする

MEMO アプリをポップアップ表示する

P.158手順③の画面で、<ポップアップ表示で起動>をタップすると、そのアプリがポップアップで表示されます。ドラッグして場所を移動したり、上部のアイコンをタップして、全画面、縮小表示などができます。

8

クイック設定ボタンを利用する

Application

通知パネルの上部に表示されるクイック設定ボタンを利用すると、設定一覧画面などを表示せずに、各機能のオン／オフを切り替えることができます。

機能のオン／オフを切り替える

1 ステータスバーを下方向にスライドします。

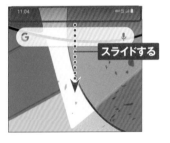

スライドする

2 通知パネルの上部に、クイック設定ボタンが表示されています。青いアイコンが機能がオンになっているものです。タップするとオン／オフを切り替えることができます。— を下方向にドラッグします。

11月12日(木)

ドラッグする

タップしてオン／オフを切り替え

3 ほかのアイコンが表示されます。ロングタッチすることで、設定画面が表示できるアイコンがあります。ここでは🛜をロングタッチします。

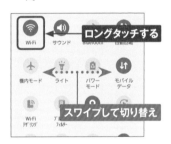

ロングタッチする

スワイプして切り替え

4 「Wi-Fi」画面が表示され、Wi-Fiの設定を行うことができます。

< Wi-Fi

ON

利用可能なネットワーク

aruba

aruba-mobile

ISC2113

▲ クイック設定ボタンを編集する

(1) P.162手順③の画面で：をタップします。

(2) <ボタンの順序>をタップします。

(3) 並べ替えたいボタンをロングタッチして、移動したい位置までドラッグします。

(4) 指を離して、<完了>をタップします。使用頻度の高い機能は最上段にくるように並べ替えましょう。

8

ナビゲーションバーを
カスタマイズする

Application

ナビゲーションバーのボタンは、配置などをカスタマイズすることが
できます。使いやすいように、変更してみましょう。

ボタンの配置を変更する

(1) ナビゲーションバーのボタンは、
標準では左から履歴・ホーム・戻
るの順に並んでいます。

(2) これを変更するには、設定一覧
画面を開いて、<ディスプレイ>
をタップします。

(3) <ナビゲーションバー>をタップし
ます。

(4) 「ボタンの順序」欄の下部をタッ
プします。

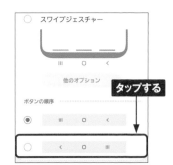

(5) 下部のボタンの表示が変わりました。○をタップして、ホーム画面に戻ってみましょう。

(6) ホーム画面でも同様に、ボタンの順序が変わっています。

(7) P.164手順④の画面で、「ナビゲーションタイプ」欄の<ジェスチャーで操作>をタップします。

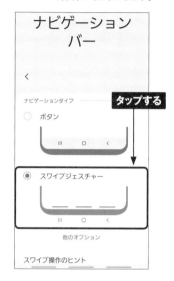

(8) ボタンの表示がバーになり、画面が広く使えるようになります。この場合、各ボタンの操作は、タップする代わりに、下部から上方向にスワイプします。

8

Section **58**

片手操作に便利な
機能を設定する

Application

A21のディスプレイは大きく迫力がありますが、そのため指が上まで
届かなかったりと片手での操作が不便なことがあります。ここでは
片手操作に便利な機能を紹介します。

▌ 片手モードを設定する

(1) 設定一覧画面を開いて、<便利な機能>をタップします。

- 🔑 アカウントとバックアップ
  Galaxyクラウド、Smart Switch

- ⚙ ドコモのサービス/クラウド
  dアカウント設定、ドコモクラウド **タップする**

- G Google
  Google設定

- ⚙ 便利な機能
  モーションとジェスチャー、片手モード

- ◉ デジタルウェルビーイングとペアレンタルコントロール
  スクリーンタイム、アプリタイマー、ウィンドダウン

(2) <片手モード>をタップします。

< 便利な機能   Q

アニメーションを抑制
アプリの起動/終了時などに、画面のモーションエフェクトを抑制します。 ⬜

タップする

モーションとジェスチャー
モーションとジェスチャーに関連する機能を管理します。

片手モード
片手で操作しやすいように、画面表示サイズとレイアウトを調整します。

Game Launcher

(3) <片手モードを使用>をタップして、<ON>にします。

タップする

片手で操作しやすいように、画面表示サイズを一時的に縮小します。

片手モードを使用   ⬜

画面表示サイズの縮小方法

(4) <ジェスチャー>または<ボタン>をタップして選択します。ここでは<ジェスチャー>を選択します。

片手で操作しやすいように、画面表示サイズを一時的に縮小します。 **タップする**

片手モードを使用   ⬤

画面表示サイズの縮小方法

◉ ジェスチャー
画面の下端中央で下にスワイプします。

8

＼＼ 画面を縮小する

① ホーム画面やアプリ使用中に画面の下部中央を下に向かってスワイプします。

スワイプする

② 右に寄った状態で画面が縮小表示され、画面の上の方にも指が届きやすくなります。左右を変更するときは、＜ をタップします。

タップする

③ 画面が右から左に移動しました。何もないところをタップします。

タップする

④ 片手モードが解除されます。

アプリの通知設定を変更する

Application

ステータスバーやポップアップで表示されるアプリの通知は、アプリごとにオン／オフを設定したり、通知の方法を設定することができます。

▲▲ 曜日や時間で通知をオフにする

(1) 設定一覧画面を開いて、＜通知＞をタップし、＜通知をミュート＞をタップします。

(3) 通知をオフにするスケジュールが登録されていて、 をタップするとオンになります。新しいスケジュールを追加するには＋をタップします。

(2) ＜予定時刻にON＞をタップします。なお、＜今すぐON＞を有効にすると、アラーム以外のすべての通知がオフになります。

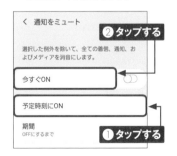

(4) スケジュール名を入力し、オフにしない曜日をタップし、開始時間と終了を設定します。＜保存＞をタップすると、手順③の画面にスケジュールが追加されます。

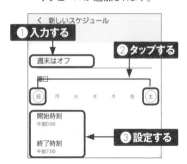

◤◥ 通知を細かく設定する

① 設定一覧画面で<通知>をタップし、<全て表示>をタップします。

② 通知を受信しないアプリの●をタップすると、オフになります。

③ 通知をより細かく設定したい場合は、アプリ名をタップします。

④ 各項目をタップして、詳細な通知項目を設定します。

8

画面を
ダークモードにする

Application

ダークモードをオンにすると、黒が基調の画面表示になります。対応しているアプリにも自動的にダークモードが適用されます。発光量が少ないので目にやさしい上、バッテリー消費量を抑えられます。

📱 画面をダークモードにする

(1) 設定一覧画面を開いて、<ディスプレイ>をタップします。

(2) <ダーク>をタップします。

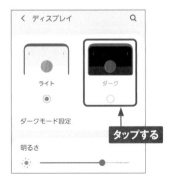

(3) ダークモードが適用されて、暗い画面になります。

(4) 手順②の画面で、<ダークモード設定>をタップすると、ダークモードにする時間をスケジューリングすることができます。

画面を見やすくする

Application

A21は、表示される文字を大きくして、読みやすくすることができます。また、「画面のズーム」を設定すると、文字だけでなく周りのアイテムも大きくすることができ、画面が見やすくなります。

文字の見やすさを変更する

1 P.170手順②の画面を表示し、
＜文字サイズとフォントスタイル＞
をタップします。

< ディスプレイ　　　　　　　Q

ブルーライトフィルター
画面から発するブルーライトの量を制限す
ることで、眼精疲労を軽減します。

文字サイズとフォントスタイル

画面のズーム

タップする

全画面アプリ
全画面の縦横比で使用するアプリを選択します。

2 ［文字サイズ］の●を左右にドラッグします。大きくするほど文字が拡大され、小さくするほど画面に表示できる文字が増えます。

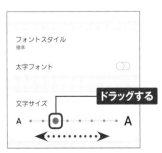

フォントスタイル
標準

太字フォント

ドラッグする

文字サイズ

A ・・・●・・・・ A
←・・・・・・・→

3 プレビューで大きさを確認することができます。

< 文字サイズとフォントスタイル

文字がこのサイズで...
1234567890!@#%&...

8

4 手順①の画面で、＜画面のズーム＞をタップすると、画面上のアイテムを拡大できます。

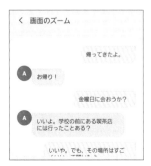

< 画面のズーム

帰ってきたよ。

A お帰り！

金曜日に会おうか？

A いいよ。学校の前にある喫茶店
には行ったことある？

いいや。でも、その場所はすご

かんたんモードを利用する

Application

「かんたんモード」にすると、文字やアイコンが大きく表示されて操作しやすくなります。長押しの時間を調節して誤操作を減らしたり、キーボード上の文字を認識しやすくしたりすることもできます。

かんたんモードに切り替える

① 設定一覧画面を開いて、<ディスプレイ>をタップします。

③ <かんたんモード>をタップして、オンにします。

② <かんたんモード>をタップします。

④ 画面の文字が大きく表示されて見やすくなります。

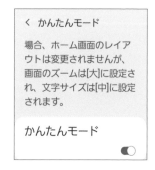

5 ホーム画面のアイコンも大きく表示されて操作しやすくなります。

6 かんたんモードに対応したアプリ内の文字やアイコンも大きく表示されます。

7 手順④の画面で＜長押しの認識時間＞をタップすると、ロングタッチ時の認識時間を調節できます。

> ＜ 長押しの認識時間
>
> ロングタッチが長押しとして認識されるまでの時間を設定してください。この設定は、キーボードには影響しません。
>
> ○ 短い(0.5秒)
> ○ 普通(1秒)
> ◉ 長い(1.5秒)
> ○ カスタム

8 手順④の画面で＜高コントラストキーボード＞をタップすると、キーボード上の文字が認識しやすくなります。

8

Application

デバイスケアを利用する

A21には、バッテリーの消費や、メモリの空きを管理して、端末の
パフォーマンスを上げる「デバイスケア」機能があります。

端末をメンテナンスする

(1) 設定一覧画面を開いて、<デバイスケア>をタップします。

(3) 自動で最適化されます。画面下部の<完了>をタップします。

(2) <今すぐ最適化>をタップします。

(4) 手順②の画面で、<バッテリー>をタップします。

8

(5) <パワーモード>をタップします。

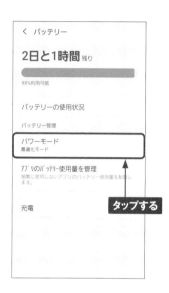

(7) 手順⑤の画面で、「アプリごとの使用量」のアプリ名をタップします。<アプリをスリープ状態に設定>をタップして有効にすると、使用していないときに即座にスリープ状態になり、電力消費を抑えることができます。

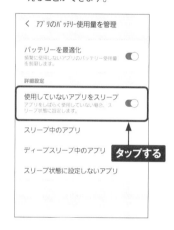

(6) バッテリー消費とパフォーマンスのバランスを、選ぶことができます。

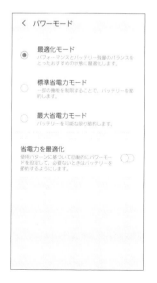

(8) デバイスケアはウィジェットとして、ホーム画面に配置することができます。ストレージやメモリの使用状況がすぐに確認でき、最適化をすることができます。

8

175

Application

アプリの使用時間を
制限する

デジタルウェルビーイングの機能を利用すると、画面の点灯時間
や、各アプリの利用回数や時間など、普段の使用履歴を確認で
きます。また、アプリの使用時間を制限することもできます。

アプリの利用時間を制限する

(1) 設定一覧画面を開いて、＜デジタ
ルウェルビーイングとペアレンタル
コントロール＞→＜デジタルウェル
ビーイング＞の順にタップします。

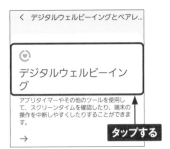

(2) 上部に全体の使用時間や、アプ
リなどの使用割合などが表示され
ます。上方向にスワイプします。

(3) ＜アプリタイマー＞をタップしま
す。

(4) 制限時間を設定したいアプリの
＜▼＞をタップし、制限時間をタッ
プすると、1日に使用できる時間
を設定することができます。

A21の使用を制限する

1 P.176手順②の画面で［フォーカスモード］の<自分の時間>をタップします。フォーカスモードの説明が表示されたら<開始>をタップします。

2 フォーカスモード中に使用できるアプリが表示されます。使用できるアプリを追加したい場合は、<編集>をタップします。

3 追加したいアプリをタップして選択し、<完了>をタップします。

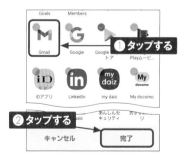

4 手順②の画面に戻るので、<開始>をタップします。

5 フォーカスモードになります。<5件のアプリが利用可能>をタップすると、手順③で設定したアプリを起動できます。<フォーカスモードを終了>をタップすると、フォーカスモードを終了できます。

8

Application

Wi-Fiに接続する

自宅のアクセスポイントや公衆無線LANなどのWi-Fi環境があれば、4G LTE回線を使わなくてもインターネットに接続できます。Wi-Fiを利用することで、より快適にインターネットが楽しめます。

Wi-Fiに接続する

(1) ステータスバーを下方向にスライドして通知パネルを表示し、 をロングタッチします。Wi-Fiがオンであれば、手順③の画面が表示されます。

(2) この画面が表示されたら、<OFF>をタップして、Wi-Fi機能をオンにします。なお、手順①の画面で をタップしても、オン/オフの切り替えができます。

(3) 接続したいWi-FiのSSID（ネットワーク名）をタップします。

(4) 事前に確認したパスワードを入力し、<接続>をタップすると、Wi-Fiに接続できます。

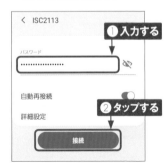

◣ Wi-Fiを追加する

① 初めて接続するWi-Fiの場合は、P.178手順③の画面で＜ネットワークを追加＞をタップします。

タップする

② SSID（ネットワーク名）を入力し、[セキュリティ] の下の＜なし＞をタップします。

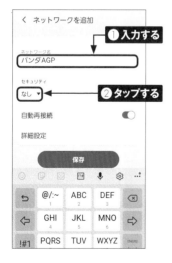

❶入力する
❷タップする

③ セキュリティ設定をタップして選択します。

タップする

④ パスワードを入力して＜保存＞をタップすると、Wi-Fiに接続できます。

❶入力する
❷タップする

8

179

Wi-Fiテザリングを利用する

Application

Wi-Fiテザリングは、最大10台までのゲーム機などを、A21を経由してインターネットに接続できる機能です。一部の契約プランでは、利用には申し込みが必要です。

Wi-Fiテザリングを設定する

(1) 設定一覧画面を開いて、<接続>→<テザリング>をタップします。

(2) <Wi-Fiテザリング>をタップします。

(3) [Wi-Fiテザリング] 画面が表示されたら、<OFF>をタップして<ON>にします。

(4) 標準のSSIDとパスワードが設定されていますが、これを変更しておきましょう。ネットワーク名をタップします。

⑤ 新しいネットワーク名を入力して、<保存>をタップします。

⑥ <パスワード>をタップします。

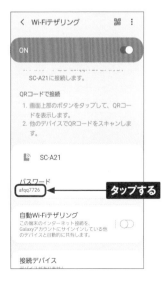

⑦ 新しいパスワードを入力して、<保存>をタップします。

⑧ 他の機器から、手順⑤、手順⑦で入力したネットワーク名とパスワードを利用して接続します。手順③の画面右上の🈲をタップして表示されるQRコードを、他の機器から読み取って接続することもできます。

Bluetooth機器を利用する

Application

A21はBluetoothとNFCに対応しています。ヘッドセットやキーボードなどのBluetoothやNFCに対応している機器と接続すると、A21を便利に活用できます。

Bluetooth機器とペアリングする

(1) 設定一覧画面を開いて、<接続>をタップします。

(3) Bluetooth機能がオフになっていたら、<OFF>をタップしてオンにします。

(2) <Bluetooth>をタップします。

(4) 周辺のペアリング可能な機器が自動的に検索されて、表示されます。検索結果に表示されない場合は、<スキャン>をタップします。

5 ペアリングする機器の名前をタップします。

6 確認画面で<OK>をタップします。

7 機器との接続が完了し、<ペアリング済みデバイス>に機器の名前が表示されます。接続を切る場合や、再度接続する場合は機器の名前をタップします。

MEMO NFC対応のBluetooth機器を利用する

A21に搭載されているNFC（近距離無線通信）機能を利用すれば、NFCに対応したBluetooth機器とのペアリングがかんたんにできるようになります。NFC機能をオンにして（標準でオン）A21の背面にあるNFC/FeliCaアンテナ/ワイヤレス充電コイル部分と、対応機器のNFCマークを近づけると、ペアリングの確認画面が表示されるので、<はい>などをタップすれば完了です。あとは、A21を対応機器に近づけるだけで、接続/切断とBluetooth機能のオン/オフが自動で行なわれます。なお、NFC機能を使ってペアリングする場合は、Bluetooth機能をオンにする必要はありません。

8

Application

FMラジオを聴く

A21は、FMラジオを聴くことができるので、通勤時や災害時に役立ちます。有線ヘッドホン（イヤホン）のケーブルがアンテナになるので、ヘッドホンジャックに有線ヘッドホンを挿し込んで利用します。

FMラジオを設定する

(1) アプリ一覧画面で、＜ラジオ＞をタップします。

(2) ヘッドホンジャックにヘッドホンを接続し、⏻ をタップしてオンにします。

(3) 初回は自動的に、受信可能な周波数（放送局）がスキャンされます。改めてスキャンする場合は＜スキャン＞タップします。

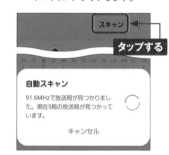

(4) スキャンされた周波数をタップするか、● をドラッグして周波数を合わせてFMラジオを聴きます。

A21を初期化する

Application

A21の動作が不安定なときは、初期化すると回復する可能性があります。また、譲渡したり中古として売買したりする際にも、工場出荷状態に初期化してデータをすべて削除しておきましょう。

工場出荷状態に初期化する

(1) 設定一覧画面を開いて、<一般管理>→<リセット>をタップします。

(2) <工場出荷状態に初期化>をタップします。これによってすべてのデータや自分でインストールしたアプリが消去されるので、注意してください。

(3) 画面下部の<リセット>をタップします。画面ロックにセキュリティを設定している場合は、PINなどの入力画面が表示されます。

(4) <全て削除>をタップすると、初期化が始まります。なお、Galaxyアカウントを設定している場合は、パスワードの入力が必要です。

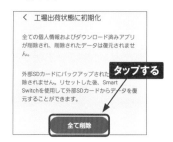

8

本体ソフトウェアを
更新する

Application

A21は、本体のソフトウェアを更新することができます。Wi-Fi接続時であれば、標準で自動的にダウンロードされますが、手動で確認することや、アップデートを予約することもできます。

ソフトウェアを更新する

(1) 設定一覧画面を開いて、<ソフトウェア更新>をタップします。

(3) 更新の確認が行われます。

更新を確認中...

(2) 手動で更新を確認、ダウンロードする場合は、<ダウンロードおよびインストール>をタップします。

(4) 更新がない場合は、このように表示されます。アップデートがある場合は、画面の指示に従って更新します。

< ソフトウェア更新

ソフトウェアは最新です。

ソフトウェア更新情報
・現在のバージョン：SC42AOMU1AT17 /
 SC42ADCM1AT17 / SC42AOMU1AT17
・セキュリティパッチレベル：2020年9月1日

Application

初期設定を行う

Sec.69の「工場出荷状態に初期化」後には、初期設定画面が
表示されます。初期設定では、基本的な設定や、ドコモ関連の設
定が行えます。ここでは初期設定の流れを紹介します。

初期設定の流れを確認する

(1) 工場出荷状態に初期化後に自
動的に再起動し、この画面が表
示されます。●をタップします。

始めよう!

日本語 ▼

→ ← タップする

(2) 「確認事項」が表示されます。
必要な項目をタップして、<次へ>
をタップします。

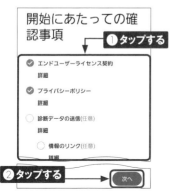

開始にあたっての確
認事項 ❶ タップする

✓ エンドユーザーライセンス契約
　詳細

✓ プライバシーポリシー
　詳細

○ 診断データの送信(任意)
　詳細

　○ 情報のリンク(任意)
　　詳細

❷ タップする → 次へ

(3) Wi-Fiへの接続画面が表示されま
す。初期設定では、データのダ
ウンロードがあるため、なるべく
Wi-Fiを使用しましょう(P.178参
照)。Wi-Fi環境が無い場合は、
<スキップ>をタップします。

Wi-Fiネットワーク
を選択

📶 ISC2113

📶 HGHSIchigaya02

スキップ

8

(4) 前に使っていたスマートフォンなど
から、データを移行することができ
ます。ここでは、<コピーしない>
をタップします。

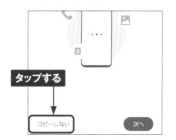

タップする
↓

コピーしない　　　　次へ

5 Googleアカウントへのログイン画面が、表示されます（Sec.08参照）。後から設定することができるので、<スキップ>→<スキップ>をタップします。

6 「Googleサービス」についての画面が、表示されます。画面を上方向にスワイプして、<同意する>をタップします。

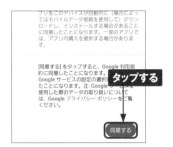

7 ［端末を保護］画面が、表示されます（Sec.50参照）。後から設定することができるので、<スキップ>→<今回はスキップ>をタップします。

8 ［追加するアプリ］画面が、表示されます。選択して、<次へ>をタップします。

9 ［ドコモ初期設定］画面が表示されます。<次へ>をタップします。

10 ［機能の利用確認］画面で<次へ>→<許可>の順にタップします。

11 ［dアカウント］画面（Sec.09参照）が表示されます。後から設定することができるので、＜今は設定しない＞をタップします。

12 ［あんしん・便利］画面が表示されます。後から設定することができるので、＜今は設定しない＞をタップします。

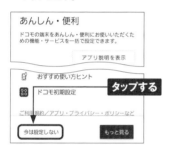

13 ［ドコモクラウド］画面が表示されます。後から設定することができるので、＜今は設定しない＞をタップします。

14 Galaxyアカウントの設定画面が表示されます（Sec.47参照）。＜スキップ＞をタップし、次の画面でも＜スキップ＞をタップします。

15 ［ホーム切替］画面が表示されます。＜docomo LIVE UX＞が選択されているのを確認して、＜次へ＞をタップします。

16 ＜完了＞をタップすると、初期設定は終了です。

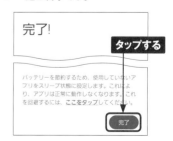

8

189

索引

お問い合わせについて

本書に関するご質問については、本書に記載されている内容に関するもののみとさせていただきます。本書の内容と関係のないご質問につきましては、一切お答えできませんので、あらかじめご了承ください。また、電話でのご質問は受け付けておりませんので、必ずFAXか書面にて下記までお送りください。
なお、ご質問の際には、必ず以下の項目を明記していただきますようお願いいたします。

1 お名前
2 返信先の住所またはFAX番号
3 書名
　（ゼロからはじめる ドコモ Galaxy A21 SC-42A スマートガイド）
4 本書の該当ページ
5 ご使用のソフトウェアのバージョン
6 ご質問内容

なお、お送りいただいたご質問には、できる限り迅速にお答えできるよう努力いたしておりますが、場合によってはお答えするまでに時間がかかることがあります。また、回答の期日をご指定なさっても、ご希望にお応えできるとは限りません。あらかじめご了承くださいますよう、お願いいたします。ご質問の際に記載いただきました個人情報は、回答後速やかに破棄させていただきます。

■ お問い合わせの例

FAX

1 お名前
　技術 太郎

2 返信先の住所またはFAX番号
　03-XXXX-XXXX

3 書名
　ゼロからはじめる
　ドコモ Galaxy A21
　SC-42A スマートガイド

4 本書の該当ページ
　40ページ

5 ご使用のソフトウェアのバージョン
　Android 10

6 ご質問内容
　手順3の画面が表示されない

お問い合わせ先

〒162-0846
東京都新宿区市谷左内町21-13
株式会社技術評論社　書籍編集部
「ゼロからはじめる ドコモ Galaxy A21 SC-42A スマートガイド」質問係
FAX番号　03-3513-6167
URL：https://book.gihyo.jp/116/

ゼロからはじめる **ドコモ Galaxy A21 SC-42A スマートガイド**
（ギャラクシー　エートゥエンティワン　エスシー　ヨンニエー）

2021年1月6日　初版　第1刷発行

著者 ………………………… 技術評論社編集部
発行者 ……………………… 片岡 巌
発行所 ……………………… 株式会社 技術評論社
　　　　　　　　　　　　　東京都新宿区市谷左内町21-13
電話 ………………………… 03-3513-6150　販売促進部
　　　　　　　　　　　　　03-3513-6160　書籍編集部
編集 ………………………… 荻原 祐二
装丁 ………………………… 菊池 祐（ライラック）
本文デザイン・DTP ……… BUCH⁺
製本／印刷 ………………… 図書印刷株式会社

定価はカバーに表示してあります。

ISBN978-4-297-11868-6 C3055

Printed in Japan